FORSCHUNGSBERICHTE DES LANDES NORDRHEIN-WESTFALEN

Nr. 1962

Herausgegeben im Auftrage des Ministerpräsidenten Heinz Kühn
von Staatssekretär Professor Dr. h. c. Dr. E. h. Leo Brandt

Wiss. Rat und Prof. Dr. phil. Dr. techn. Ludvik Žagar

Institut für Gesteinshüttenkunde
der Rhein.-Westf. Techn. Hochschule Aachen

Untersuchung von speziellen oxidkeramischen Werkstoffen auf der Basis von Rutil

Springer Fachmedien Wiesbaden GmbH

ISBN 978-3-663-06485-5 ISBN 978-3-663-07398-7 (eBook)
DOI 10.1007/978-3-663-07398-7

Verlags-Nr. 011962

Ursprünglich erschienen bei Westdeutscher Verlag, Köln und Opladen 1968

Inhalt

1. Problemstellung

Rutil besitzt eine Reihe von hervorragenden dielektrischen Eigenschaften, die allerdings bei seiner Verwendung für elektrotechnische Zwecke auch Nachteile mit sich bringen. Rutil hat eine hohe Dielektrizitätskonstante, die jedoch mit einem negativen Temperaturkoeffizienten behaftet ist, so daß die Kapazität eines Rutilkondensators mit ansteigender Temperatur absinkt. Störend wirkt auch die Tatsache, daß die dielektrischen Verluste des Rutils frequenz- und temperaturabhängig sind.

Aus der Praxis der Elektrokeramik weiß man, daß die Nachteile des Rutils in bezug auf sein dielektrisches Verhalten durch Zusätze von Fremdoxiden weitgehend behoben werden können. Es ist jedoch nur wenig Grundlegendes darüber bekannt, in welcher Weise der Rutil von solchen Zusätzen keramisch und dielektrisch beeinflußt wird.

Im Rahmen der vorliegenden Arbeit stellte man sich die Frage, wie das Sinterverhalten eines polykristallinen Rutils von fremden Oxiden beeinflußt wird, auf welche Art und Weise sich die Komponenten während des Sinterungsvorganges gegenseitig durchdringen und wie die dielektrischen Eigenschaften der durch Sinterung entstandenen Werkstoffe von der Art des Fremdoxides, seiner Konzentration und von den Bedingungen abhängen, unter welchen die Sinterung durchgeführt wird.

2. Kennzeichnung der Ausgangsstoffe

Die Proben wurden aus relativ reinen Substanzen hergestellt. Rutil stellte die Titangesellschaft GmbH zur Verfügung. Nach Angaben des Lieferanten enthielt die Substanz 99,60–99,67 Mol.-% TiO_2. Die wichtigsten Verunreinigungen waren:

Al_2O_3	0,007	Mol.-%
ZnO	0,04–0,05	
MgO	0,0033	
Alkalien	0,1–0,15	
Nb_2O_5	0,011	

Die Dichte betrug 4,28 g/cm^3.

Nach dem Auswaschen der Alkalien betrug der TiO_2-Gehalt 99,70–99,77%. Als Zusätze wurden verwendet: Al_2O_3, ZrO_2, MgO, CaO und ZnO. Diese Substanzen wurden aus dem Handel bezogen, der Reinheitsgrad war mit *p · a* angegeben.

Vor der Verwendung wurden diese Rohstoffe abgesiebt und für die Versuche nur die Körnung unter 63 μ verwendet. Aus dem Rutil und je einem der angegebenen Oxide wurden Mischungen hergestellt, die 0,00, 0,25, 0,5, 1,0, 2,0, 5,0 und 10,0 Mol.-% des betreffenden Oxids enthielten. Die Mischung wurde folgendermaßen aufbereitet: Das Gemenge wurde unter Zusatz von dest. Wasser und etwa 0,8 Gew.-% Bindemittel (Stearinsäure, Tylose) in einer Araldítmühle mit Araldítkugeln 5 Std. gemischt. Der Brei wurde auf einem Wasserdampfbad eingetrocknet, die Trockensubstanz zerrieben und die Fraktion kleiner 63 μ mit einem Kunststoffsieb abgetrennt. Diese Fraktion wurde bei der Herstellung der Prüfkörper verwendet. Um das Pressen zu erleichtern, wurde die Mischung mit Wasserdampf leicht angefeuchtet.

3. Sinterungsversuche

Eine Durchsicht der Literatur über das Sinterungsverhalten des Rutils zeigt, daß das Sinterverhalten bisher vorwiegend an Modellsystemen studiert wurde, die entweder aus feinen Rutilkügelchen oder aber aus Rutilkügelchen auf einer Rutilunterlage bestanden. Die Grundlagen für die Auswertung solcher Modellsysteme gehen auf FRENKELJ [1] und KUCZYNSKI [2] zurück.

O'BRYAN und PARRAVANO [3] haben in einer ersten Veröffentlichung über die Ergebnisse solcher Sinterungsversuche an Rutilkügelchen (⌀ 0,5–1,3 mm) an der Luft und in einer Atmosphäre aus Wasserstoff mit Wasserdampf im Temperaturintervall 900 bis 1350° C berichtet. Die Autoren kamen zu der Schlußfolgerung, daß der Sinterungsvorgang in einem plastischen Fließen des Rutils besteht.

Ein Jahr später wurde eine weitere Veröffentlichung von denselben Autoren [4] bekannt, die aber weniger Beachtung gefunden zu haben scheint, weil sie in späteren Arbeiten anderer Verfasser nicht zitiert wird. Die Sinterungsversuche wurden an Rutilkugeln im Modell Kugel-zu-Kugel an der Luft und in einer reduzierenden Atmosphäre im Intervall 900–1350° C wiederholt. Im Sinterungsverlauf wurden zwei Perioden gefunden: eine Anfangsperiode mit langsamem Wachstum der Brücken, deren Mechanismus nicht geklärt werden konnte, und eine anschließende Schnellperiode, die auf Volumendiffusion beruht.

WHITMOORE und KAWAI [5] haben Rutilkügelchen auf einer Rutilplatte gesintert. Die Versuche wurden im Vakuum bei 1200–1275° C durchgeführt. Aus den Ergebnissen schließen die Verfasser, daß der Sinterungsvorgang im Vakuum nicht auf ein plastisches Fließen, sondern auf eine Volumendiffusion zurückzuführen ist. Sie äußern die Meinung, daß die Sinterungsgeschwindigkeit durch die Diffusion der Sauerstoffionen kontrolliert wird.

GROTYOHANN und HERRINGTON [6] haben ebenfalls Rutilkügelchen auf einer Rutilunterlage gesintert. Die Sinterung an der Luft wurde bei 1300° C und die in der Stickstoffatmosphäre bei 1300 und 1350° C vorgenommen. Die Verfasser schließen aus den Ergebnissen, daß der Sinterungsvorgang an der Luft auf Verdampfung und Kondensation beruht, während der Vorgang in reduzierender Atmosphäre sehr kompliziert und undurchsichtig sei.

Diese Übersicht zeigt, daß über den Mechanismus des Sinterungsvorganges beim Rutil selbst unter vereinfachten Bedingungen bisher keine Klarheit herrscht, sondern die verschiedensten Ansichten darüber existieren.

Man kann aus diesem Grunde damit rechnen, daß bei der Durchführung von Sinterungsversuchen an reellen, polydispersen Rutilpulvern noch größere Schwierigkeiten zu überwinden sein werden.

Eigene Untersuchungen über das Sinterungsverhalten von reinem Rutil und von Mischungen aus Rutil und verschiedenen Zusätzen wurden mit dem Erhitzungsmikroskop der Fa. Leitz durchgeführt. Die vorbereiteten Pulvermischungen wurden mit Hilfe der zum Gerät gehörenden Presse verdichtet und zu zylindrischen Prüfkörpern geformt.

Aus der Dichte des Feststoffes, dem Gewicht des Prüfkörpers und aus seinen Abmessungen wurde die Ausgangsporosität ε_0 der Proben ermittelt. Diese schwankte von Probe zu Probe in Grenzen von 50 bis 56%. Den Prüfkörper setzte man bei einer bestimmten Temperatur in den Ofen des Erhitzungsmikroskops und beobachtete das Fortschreiten der Sinterung am Schrumpfen des Schattenbildes des Prüfkörpers im Okular. Zu bestimmten Zeitpunkten wurde von dem Schattenbild eine fotografische Aufnahme gemacht. Man hatte so die Möglichkeit, aus der Größe des Schattenbildes die jeweilige Größe des Prüfkörpers zu approximieren und so die zum betreffenden Zeitpunkt vorhandene Porosität ε_t zu ermitteln. Der Versuch läßt sich isotherm, aber auch unter einer konstanten Anstieggeschwindigkeit der Ofentemperatur durchführen. Von beiden Möglichkeiten wurde Gebrauch gemacht.

3.1 Sinterungstemperatur

Der Prüfkörper wurde bei Raumtemperatur in den Ofen des Erhitzungsmikroskops geschoben. Anschließend wurde die Temperatur des Ofens mit konstanter Anstieggeschwindigkeit von etwa 6°/min erhöht. In bestimmten Temperaturintervallen wurde von dem Schattenbild des Prüfkörpers im Okular eine fotografische Aufnahme gemacht. Die Auswertung der Aufnahmen ergab die Porosität der Probe ε_t bei der betreffenden Temperatur. Mit Hilfe der Porosität im Ausgangszustand ε_0 wurde das Verhältnis $\varepsilon_t/\varepsilon_0 = \varepsilon_{rel}$ und daraus $(1 - \varepsilon_{rel})$ berechnet.
Trägt man die Größe $(1 - \varepsilon_{rel})$ gegen die zugehörige Temperatur auf, so resultiert eine S-artige Kurve, wie sie in Abb. 1 für die Mischung Rutil + 1,0 Mol.-% Al_2O_3 dargestellt ist.
Diejenige Temperatur, bei welcher die Größe $(1 - \varepsilon_{rel})$ die stärkste Änderung erfährt, wurde als *Sinterungstemperatur* definiert. Diese Temperatur wird ermittelt, wenn die S-artige Kurve mit dem Derivimeter graphisch differenziert wird. Bei der Auftragung der Differentialwerte gegen die dazugehörigen Temperaturen entsteht eine Glockenkurve. Die Temperatur, bei der diese Kurve den Scheitelwert erreicht, ist die gesuchte Sinterungstemperatur. Beispiele solcher Kurven zeigen die Abb. 2 und 3 für das reine Rutil und für die Mischung Rutil + 0,25 Mol.-% bzw. 1,0 Mol.-% MgO.
In der Tab. 1 sind die auf diese Weise ermittelten Sinterungstemperaturen für je zwei Konzentrationen des zugesetzten Oxids zusammengestellt.
Aus der Tab. 1 geht hervor, daß die Sinterungstemperatur des Rutils durch einen Zusatz von Al_2O_3 in jedem Fall erhöht wird. Alle übrigen verwendeten Oxide setzen die Sinterungstemperatur des Rutils herab, wenn sie in geringen Mengen anwesend sind. Sie spielen in diesem Falle die Rolle eines Flußmittels. Wenn dem Rutil MgO oder CaO in größeren Mengen zugesetzt werden, wird die Sinterungstemperatur des Rutils erhöht. Dies ist wahrscheinlich darauf zurückzuführen, daß MgO und CaO mit TiO_2 Verbindungen bilden, durch die der Schmelzpunkt der Mischung erhöht wird. Durch den Zusatz von ZnO wird die Sinterungstemperatur des Rutils bei allen untersuchten Mischungsverhältnissen (bis 10 Mol.-%) heruntergesetzt.

3.2 Sinterungsgrad

Als Sinterungsgrad wird hier die jeweils erreichte relative Verdichtung der Probe verstanden. Als ein Maß für den Sinterungsgrad, der beim Rutil und seinen Mischungen unter verschiedenen Bedingungen erreicht werden konnte, wurde der Ausdruck:

$$(1 - \varepsilon_{rel})_{120} = s$$

Tab. 1 Sinterungstemperatur von Rutil und seinen Mischungen mit verschiedenen Oxiden

Mischung	Sinterungstemperatur °C 0,25 Mol.-%	1,00 Mol.-%
TiO_2	1175	
$TiO_2 + Al_2O_3$	1220	1250
$TiO_2 + CaO$	1150	1220
$TiO_2 + ZrO_2$	1125	1100
$TiO_2 + MgO$	1110	1200
$TiO_2 + ZnO$	1050	1100

gewählt. In diesem Ausdruck bedeutet ε_{rel} die unter isothermen Bedingungen nach 120 min Sinterdauer festgestellte relative Porosität der Probe. Die Versuche ergaben nämlich, daß der Sinterungsvorgang unter den gewählten Bedingungen nach dieser Zeit zum Stillstand kommt und die relative Porosität der Probe einen Endwert einnimmt.

Bei dieser Festlegung ist der niedrigst mögliche Sinterungsgrad $s = 0{,}00$ (wenn $\varepsilon_{rel\,120} = \varepsilon_0$ ist) und der höchst erreichbare $s = 1{,}00$ (wenn $\varepsilon_{rel\,120} = 0{,}00$ ist).

Die bei verschiedenen Temperaturen erreichten Sinterungsgrade s des reinen Rutils sind aus der Tab. 2 zu entnehmen. Auf dieselbe Art und Weise wurden die Sinterungsgrade der einzelnen Mischungen des Rutils mit verschiedenen Oxiden ermittelt.

Um den Einfluß der einzelnen Zusätze und deren Konzentration auf den Sinterungsgrad des Rutils leichter übersehen zu können, wurde das Verhältnis:

$$\frac{[(1 - \varepsilon_{rel})_{120}]_{TiO_2 + X}}{[(1 - \varepsilon_{rel})_{120}]_{TiO_2}} = s_r$$

eingeführt und als der *bezogene Sinterungsgrad* bezeichnet. Ist s_r größer als 1,00, so bedeutet dies eine Verbesserung des Sinterungsgrades von Rutil unter dem Einfluß des zugesetzten Oxids. Wenn dagegen s_r kleiner als 1,00 wird, ist dies gleichbedeutend mit einer Erniedrigung des Sinterungsgrades von Rutil.

Die bezogenen Sinterungsgrade s_r der Mischungen von Rutil mit verschiedenen Oxiden sind in der Tab. 3 in Abhängigkeit von der Oxidart, seiner Konzentration und Versuchstemperatur zusammengestellt.

Aus der Tab. 3 kann man entnehmen:

1. Durch den Zusatz eines der verwendeten Oxide in geringer Konzentration wird der Sinterungsgrad des Rutils erhöht. Die Anwesenheit von Fremdoxiden in größeren Konzentrationen verursacht dagegen ein Absinken des Sinterungsgrades von Rutil.
2. Der Einfluß von Fremdoxiden ist verschieden stark. Die Wirksamkeit steigt in der Reihenfolge an: Al_2O_3 (im Mittel 1,04), ZrO_2 (1,06), CaO (1,08), MgO (1,12), ZnO (1,49).
3. Der Einfluß der Temperatur auf die Wirksamkeit der Fremdoxide ist nicht klar zu übersehen.

3.3 Sinterungsgeschwindigkeit

Die Sinterungsgeschwindigkeit von reinem Rutil und von seinen Mischungen mit verschiedenen Oxiden wurde durch isotherme Versuche im Erhitzungsmikroskop ermittelt, wobei die Art des Oxides, die Temperatur und die Konzentration des jeweiligen Oxid-

Tab. 2 Sinterungsgrad des reinen Rutils

Temperatur °C	*s*
1000	0,088
1050	0,183
1100	0,198
1125	0,323
1150	0,308
1200	0,463

Tab. 3 Auf TiO_2 *bezogener Sinterungsgrad der Mischungen von Rutil mit verschiedenen Oxiden*

Temperatur °C	Konzentration in Mol.-% 0,25	0,50	1,00	2,00	5,00	10,00
			$TiO_2 + ZrO_2$			
1000	–	1,02	1,05	1,00	0,99	0,98
1050	1,08	1,04	1,05	1,03	0,97	0,92
1100	1,26	1,32	1,22	1,08	0,98	0,95
1125	–	1,15	1,09	1,03	0,98	0,86
1150	1,18	1,20	1,26	1,25	1,08	1,07
1200	–	0,97	1,06	1,13	0,97	0,88
			$TiO_2 + CaO$			
1150	1,18	1,17	1,10	1,08	0,91	0,93
1300	1,14	1,18	1,15	1,09	1,06	0,95
			$TiO_2 + MgO$			
1100	1,35	1,31	1,16	1,14	1,05	0,96
1300	1,28	0,97	1,12	1,06	1,16	0,98
			$TiO_2 + ZnO$			
1050	1,82	1,34	1,55	1,52	1,49	1,29
1150	1,53	1,49	1,39	1,58	1,48	1,43
			$TiO_2 + Al_2O_3$			
1100	1,26	1,07	1,04	1,16	1,02	0,98
1200	1,07	1,05	1,17	0,84	1,00	0,80

zusatzes variiert wurden. Auf Grund von fotografischen Aufnahmen der Schattenbilder der Prüfkörper wurde die relative Porosität ε_{rel} zu verschiedenen Sinterungszeiten ermittelt.

Trägt man die so ermittelten Werte für ε_{rel} gegen die entsprechenden Zeiten auf, so resultieren Bilder, die im Prinzip der Abb. 4 für die Sinterungsgeschwindigkeit des reinen Rutils ähnlich sind. Aus der Abb. 4 ersieht man, daß der Sinterungsvorgang am Anfang sehr schnell verläuft. Die Geschwindigkeit verringert sich bald, bis nach einer bestimmten Zeit der Vorgang zum Stillstand kommt.

Um die Sinterungsgeschwindigkeiten bei verschiedenen Mischungen und unter unterschiedlichen Bedingungen miteinander vergleichen zu können, wurden Versuche unternommen, derartige Kurven mit einer Geraden zu approximieren. Es hat sich dabei herausgestellt, daß durch den Zusammenhang:

$$(1 - \varepsilon_{rel}) = k \log t$$

die meisten Meßpunkte zu einer Geraden vereinigt werden können.

Beispiele solcher Auswertung zeigen die Abb. 5–9. Als ein Maß für die Sinterungsgeschwindigkeit wurde der jeweilige Wert der Konstanten k angenommen.

In der Tab. 4 sind die auf diese Weise ermittelten k-Werte für den reinen Rutil zusammengefaßt.

Um den Einfluß verschiedener Zusätze auf die Sinterungsgeschwindigkeit des Rutils deutlicher zum Ausdruck zu bringen, wurde aus den k-Werten jeweils das Verhältnis:

$$\frac{k_{TiO_2+X}}{k_{TiO_2}} = k_r$$

berechnet. X bedeutet hier das zugesetzte Oxid in bestimmter Konzentration. k_r kann somit als die bezogene Sinterungsgeschwindigkeit einer Mischung aus Rutil und einem Oxid betrachtet werden.

Tab. 4 Sinterungsgeschwindigkeit von reinem TiO_2 *in Abhängigkeit von der Temperatur*

Temperatur °C	k
1050	0,060
1100	0,098
1150	0,119
1200	0,213
1250	0,276
1300	0,380

Die Tab. 5 gibt die Werte für k_r in Abhängigkeit von der Konzentration eines bestimmten Oxides und von der Versuchstemperatur wieder.

Aus dieser Tabelle geht hervor, daß die verwendeten Oxide, wenn sie dem Rutil in geringen Mengen (bis etwa 1 Mol.-%) zugesetzt werden, die Sinterungsgeschwindigkeit des Rutils erhöhen. Durch größere Konzentrationen wird jedoch die Sinterungsgeschwindigkeit des Rutils herabgesetzt. Eine Ausnahme macht hierbei das ZnO, das in allen benutzten Konzentrationen die Sinterungsgeschwindigkeit des Rutils relativ stark erhöht. Der Einfluß der Temperatur auf die Wirksamkeit der einzelnen Oxide kommt nicht deutlich zum Ausdruck. Die einzelnen Oxide lassen sich nach zunehmender Wirksamkeit in der Reihenfolge: Al_2O_3 (im Mittel 1,29), CaO (1,70), MgO (2,02), ZrO (2,73), ZnO (3,74) einordnen.

Auf Grund der üblichen Abhängigkeit log k gegen $1/T$ wurde der Temperaturkoeffizient des Sinterungsvorganges ermittelt. Die entsprechenden Zahlen sind aus der Tab. 6 zu entnehmen.

Diese Ergebnisse können im Zusammenhang mit den Anschauungen von Coble und Burke [7] über die Sinterungsvorgänge an pulverförmigen keramischen Materialien diskutiert werden.

Coble und Burke gehen von einem Pulvermodell aus, dessen Körner die Form eines »tetra-kai-dekaeders« haben. Diese Kornform gewährleistet die dichteste Packung bei

Tab. 5 Auf reines TiO_2 *bezogene Sinterungsgeschwindigkeit der Mischungen mit verschiedenen Oxid-Zusätzen*

Temperatur °C	Konzentration in Mol.-% 0,25	0,50	1,00	2,00	5,00	10,00
			$TiO_2 + Al_2O_3$			
1100	1,12	1,00	1,07	1,35	1,00	0,90
1150	1,40	–	–	–	–	–
1200	1,20	1,00	1,38	0,80	1,16	0,70
1250	1,45	–	–	–	–	–
			$TiO_2 + CaO$			
1150	1,81	1,68	1,45	1,68	1,00	1,10
1200	1,70	–	–	–	–	–
1250	1,59	–	–	–	–	–
1300	–	1,21	1,07	0,94	0,97	0,72
			$TiO_2 + MgO$			
1100	2,10	2,11	1,36	1,59	1,11	0,66
1150	2,24	2,35	1,61	1,50	1,37	0,79
1200	1,73	–	–	–	–	–
1300	–	1,62	1,31	1,18	1,24	0,65
			$TiO_2 + ZrO_2$			
1000	5,64	3,32	1,51	0,54	0,01	0,04
1050	3,52	2,50	1,19	1,00	0,05	0,01
1100	2,80	2,64	0,50	0,37	0,05	0,03
1125	2,00	2,06	0,65	0,47	0,01	0,02
1150	2,00	4,16	1,73	0,93	0,05	0,03
1200	0,44	–	–	–	–	–
			$TiO_2 + ZnO$			
1050	4,63	3,20	3,63	3,92	3,88	3,54
1100	3,40	–	–	–	–	–
1150	3,19	4,31	3,47	2,80	3,98	3,28

einem Minimum an Oberfläche und erlaubt, die Anzahl der Kontaktstellen von Korn zu Korn sowie die Geometrie des im Pulver vorhandenen Porenraumes zu überblicken. In ihren Gedankengängen verwerten die Autoren die neueren Erkenntnisse über das kontinuierliche und diskontinuierliche Kornwachstum während des Sinterungsvorganges. Auf Grund dieser Voraussetzungen unterscheiden Coble und Burke drei Perioden im Sinterungsverlauf eines keramischen Materials.

Während der Anfangsperiode werden die Kontaktstellen zwischen den Körnern zu Brücken ausgebaut, die sich verbreitern, bis sie etwa $^1/_5$ des Kornquerschnittes erreicht haben. Der Materietransport erfolgt entweder durch die Volumendiffusion oder Oberflächendiffusion oder aber auf dem Wege über die Verdampfung und Kondensation.

Die Abnahme der Porosität in Abhängigkeit von der Zeit hat einen exponentiellen Charakter. Ein Kornwachstum findet in dieser Periode nicht statt, weil die Korngrenzflächen noch eben sind. Sobald beim Wachsen der Brücken die Oberfläche der »Kragen« zwischen den Körnern abgerundet wird, bekommen die noch freien Kornflächen eine konkave Form und das Kornwachstum wird ermöglicht.

Damit beginnt die Zwischenperiode. Der Porenraum besteht aus zylindrischen Kanälen, die entlang der Drei-Körner-Kanten angeordnet sind und ein kommunizierendes System

Tab. 6 Temperaturkoeffizient des Sinterungsvorganges

Oxidzusatz 0,25 Mol.-%	Temperaturkoeffizient grd^{-1}
kein Zusatz	6470
Al_2O_3	7740
CaO	6470
MgO	5160
ZrO_2	3980
ZnO	2580

darstellen. Während der Zwischenperiode werden die Porenkanäle immer enger bis schließlich durch Einschnürung der Kanäle das kommunizierende Porensystem in einzelne Poren zerfällt. Hier fängt die Endperiode des Sinterungsvorganges an. Der Sinterungsvorgang in dieser Periode wird wesentlich durch die Art des Kornwachstums beeinflußt.

Coble und Burke stellen auch kinetische Überlegungen an und leiten für verschiedene Perioden und unterschiedliche Transportmechanismen entsprechende Gesetzmäßigkeiten ab. Für den Fall, daß der Materietransport durch Volumendiffusion gewährleistet wird und daß das Kornwachstum mitberücksichtigt wird, folgt aus diesen Überlegungen, daß zwischen dem jeweiligen Verdichtungsgrad und dem Logarithmus der Sinterdauer in den letzten zwei Perioden eine lineare Abhängigkeit bestehen muß. Durch eigene Versuche von Coble und Burke an Al_2O_3 werden diese Überlegungen bestätigt. Die Autoren zeigen, daß auch Ergebnisse anderer Verfasser von CaO, MgO und UO_2 auf diese Weise befriedigend dargestellt werden können, wie die Abb. 10 nach Burke und Coble zeigt.

Aus der Gegenüberstellung dieser Abbildung mit den Abb. 5–9 geht hervor, daß bei unserer Auswertung der Sinterungsergebnisse derselbe Weg eingeschlagen wurde. Die Unterschiede in den Ordinaten sind unwesentlich.

Bei Darstellungen nach Coble und Burke beginnen die Geraden etwa bei der relativen Dichte von 0,6. Dies entspricht bei reinem Rutil (Abb. 5) einem $(1 - \varepsilon_{rel})$-Wert von ungefähr 0,2. Man sieht somit, daß auf diese Art nicht nur die letzten zwei Perioden des Sinterungsvorganges beim Rutil und seinen Mischungen, sondern auch zum Teil die Anfangsperiode zufriedenstellend erfaßt werden kann.

Auf Grund der Voraussetzungen, die nach Coble und Burke zu dieser Darstellung führen, kann angenommen werden, daß dem Sinterungsvorgang beim Rutil und seinen Mischungen eine Volumendiffusion zugrunde liegt, wobei das Kornwachstum des Rutils eine Rolle spielen dürfte.

Bei der Deutung des Einflusses, den die einzelnen hier verwendeten Oxide auf das Sinterverhalten des Rutils ausüben, sind die Phasenbeziehungen zwischen dem Rutil und diesen Oxiden zu berücksichtigen.

Nach Lang, Fillmore und Maxwell [8] bilden die Mischungen von Al_2O_3 und TiO_2 im äquimolaren Verhältnis die Beta-Form der Verbindungen $Al_2O_3 \cdot TiO_2$, die aber im Temperaturbereich 750–1300° C nicht stabil ist und um so schneller zerfällt, je reiner die Ausgangsstoffe waren. Die Löslichkeit von TiO_2 in Al_2O_3 wurde von Winkler, Sarver und Cutler [9] genauer untersucht. Nach diesen Autoren liegt die Löslichkeitsgrenze bei 0,25–0,30 Mol.-% TiO_2, wenn die Reaktion an der Luft und bei Temperaturen bis 1300° C erfolgt. Über die Löslichkeit von Al_2O_3 in TiO_2 ist nichts Sicheres bekannt. Nach Weyl und Terhune [10] ist das Auftreten von festen Lösungen bei geringen Mengen Al_2O_3 möglich. Von MgO und CaO ist bekannt, daß sie mit TiO_2 Verbindungen eingehen.

Im System ZrO_2—TiO_2 besteht nach Sowman und Andres [11] eine Löslichkeit beider Komponenten ineinander ohne Zwischenverbindungen. Nach Brown und Duwez [12] beträgt die Löslichkeit von ZrO_2 in TiO_2 bei 1760°C 18, bei 1370°C 12 und bei 680°C 6 Mol.-%. Palatzky [13] berichtet, daß entsprechende Röntgenogramme eine Aufweitung des Rutilgitters zeigen. Bogorodickij, Fridberg und Cvetkov [14] fanden jedoch, daß die Röntgenogramme sogar bei höheren Konzentrationen nur die Anwesenheit der Rutil-Phase angeben. Eigene röntgenographische Untersuchungen ergaben, daß unter den hier gewählten Bedingungen das Material völlig aus Mischkristallen beider Komponenten besteht.

Im System ZnO—TiO_2 besteht nach Dulin und Rase [15] im Temperaturbereich von 945 bis 1418°C und bis 40 Mol.-% ZnO ein Gebiet, in dem nur Zn_2TiO_4 + Rutil beständig sind. Anhaltspunkte für feste Lösungen wurden nicht gefunden. Nach Bartram und Slepetys [16] entsteht auch beim Sintern von ZnO + TiO_2 die Verbindung Zn_2TiO_4. Die tetraedrischen Plätze des Gitters sind jedoch auf unregelmäßige Art teils von Zn und teils von Ti besetzt. Bei einer Erhöhung der Temperatur auf 900°C und höher ermöglichen die thermische Bewegung und die Ausdehnung des Gitters dem Zn-Ion, daß es die oktaedrischen Plätze einnimmt, wodurch ein normaler Spinell zustande kommt. Nach diesen Autoren besteht die Wahrscheinlichkeit, daß $ZnTiO_3$ gebildet wird, wenn TiO_2 in Form von Rutil anwesend ist. Metatitanat zerfällt jedoch oberhalb 900°C in Zn_2TiO_4 und Rutil. Auch diese Autoren finden keinen Grund für die Annahme, daß es zwischen beiden Komponenten zur Bildung von festen Lösungen kommt.

Auf Grund dieser Anhaltspunkte kann man sagen, daß geringe Mengen der hier verwendeten Oxide mit TiO_2 feste Lösungen bilden und zusammen mit anderen Verunreinigungen in der Grundsubstanz als »Flußmittel« wirksam sind. Wenn sie in geringen Mengen (bis 0,25 Mol.-%) dem Rutil zugegeben werden, wird die Sinterungstemperatur des Rutils herabgesetzt und der Sinterungsgrad sowie die Sinterungsgeschwindigkeit in stärkerem Ausmaße erhöht, als dies bei größeren Konzentrationen der Fall ist. Eine Ausnahme bildet Al_2O_3, das ohne gleichzeitige Anwesenheit von SiO_2 nicht als Flußmittel wirkt.

Bei höheren Konzentrationsverhältnissen ist es im allgemeinen so, daß das Sinterungsverhalten einer Mischung durch die Komponente mit höherem Schmelzpunkt bedingt wird.

Will man die benutzten Oxide nach ihrer Wirksamkeit in eine Reihenfolge einordnen, dann tritt auf einer Seite das Al_2O_3 durch seine relativ stark hemmende Wirkung und auf der anderen Seite das ZnO mit der größten die Sinterung beschleunigenden Wirkung hervor. Beim ZnO spielt womöglich auch die Verdampfung und Kondensation während des Sinterungsvorganges eine Rolle. Die Reihenfolge der übrigen Oxide ist nicht in allen Fällen dieselbe. Wegen der geringen Genauigkeit der hier verwendeten Untersuchungsmethode sind die Überschneidungen der einzelnen Eigenschaftswerte verständlich.

4. Diffusionsversuche

Die Sinterungsversuche ergaben, daß der Sinterungsvorgang des Rutils durch den Zusatz von verschiedenen Oxiden teils günstig, teils ungünstig beeinflußt wird. Dieser Vorgang besteht jedoch letztlich in einer Bewegung der Materie, gleichgültig ob es sich dabei um eine Diffusion, Verdampfungs-Kondensation oder um ein plastisches Fließen handelt.

Es schien daher interessant zu sein, etwas Genaueres über die Bewegung der Materie an jenen Grenzflächen zu erfahren, an denen Rutilkörner mit den Körnern eines fremden Oxids während der Sinterung in Berührung stehen.

Bei der Durchführung dieser Untersuchungen wurde die »Sandwich-Methode« angewandt. Die Herstellung geeigneter Prüfkörper erfolgte aus den gleichen Rohstoffen, die auch bei den Sinterungsversuchen benutzt wurden. Die entsprechenden Pulver wurden mit einem Preßdruck von 670 kp/cm² zu Tabletten verdichtet. Die Tabletten wurden 24 Std. an der Luft bei 1600° C gesintert. Nach der Sinterung wurden die Stirnflächen der Tabletten planparallel geschliffen. Der Durchmesser der Tabletten betrug 16 mm, die Dicke schwankte zwischen 3,5 und 4,0 mm. Insgesamt 6–8 solcher Tabletten wurden auf einer Edelmetallunterlage aufeinander gelegt, so daß zwischen zwei ZrO_2-Tabletten eine TiO_2-Tablette und umgekehrt zu liegen kam. Das so entstandene Paket wurde mit 70 g belastet und für 75–80 Std. einer Temperatur von 1600° C in Luftatmosphäre ausgesetzt. Nach der Abkühlung wurden die einzelnen Tabletten voneinander getrennt. Die Stirnflächen jeder Tablette wurde stufenweise um 0,10–0,15 mm abgeschliffen und die jeweilige Stärke der Tablette mit einer Mikrometerschraube ausgemessen. An den frisch geschliffenen Stirnflächen wurde der jeweilige Gehalt an Ti bzw. Zr mit Hilfe der Röntgenfluoreszenz-Methode [17] ermittelt. Für die Eichung benutzte man Standardproben aus dem gleichen Material. Das Abschleifen der Tabletten wurde so lange fortgesetzt, bis man zu Querschnitten vorgedrungen war, in denen der Gehalt des gesuchten Elementes gering und nicht mehr meßbar war. Der Versuch ergab auf diese Weise eine Reihe von Konzentrationen mit den dazugehörigen Abständen von der gemeinsamen Grenzfläche zweier benachbarter Tabletten.

Bei der Auswertung der Ergebnisse benutzte man die Lösung der Diffusionsgleichung:

$$\frac{\partial c}{\partial t} = D \cdot \frac{\partial^2 c}{\partial x^2} \tag{1}$$

in der Form:

$$c(x, t) = \frac{c_0}{2}\left(1 - \Phi \frac{x}{2\sqrt{D \cdot t}}\right) \tag{2}$$

Hier bedeutet c die Konzentration von Ti bzw. Zr an der Stelle x, c_0 die Konzentration dieser Elemente in der entsprechenden Tablette vor dem Versuch, D den Diffusionskoeffizienten und t die Versuchsdauer.

Der Ausdruck $\Phi \frac{x}{2\sqrt{D \cdot t}}$ ist die Gaußsche Fehlerfunktion mit dem Argument

$$\left(\frac{x}{2\sqrt{D \cdot t}}\right).$$

Für die Auswertung der Meßergebnisse wurde die Gl. (2) umgeformt:

$$\frac{1/2\, c_0 - c}{1/2\, c_0} = z_x = \Phi \frac{x}{2\sqrt{D \cdot t}}$$

Dadurch ergab sich die Möglichkeit, z_x-Werte in % gegen die entsprechenden x-Werte in ein Wahrscheinlichkeitsnetz einzutragen. Wenn D von c unabhängig ist, wie in der Gl. (1) vorausgesetzt wird, sollten die Wertepaare (c, x) auf einer Geraden zu liegen kommen.

Bei einer derartigen Darstellung der hier erzielten Ergebnisse lassen sich die Meßpunkte tatsächlich mit ausreichender Genauigkeit in eine Gerade einordnen, wie dies am Beispiel der Diffusion von Zr in TiO_2 in Abb. 11 ersichtlich ist.

Die Gl. (2) ist ein Sonderfall der allgemeinen Lösung der Diffusionsgleichung (1), die lautet:

$$c(x, t) = \frac{1}{2\sqrt{D \cdot t \cdot \pi}} \cdot \exp.\left(-\frac{x^2}{4\,D \cdot t}\right) \tag{3}$$

Geometrisch stellt diese Funktion eine um den Punkt $x = 0$ symmetrisch verlaufende Glockenkurve dar. Die im Wahrscheinlichkeitsnetz resultierende Gerade geht durch einen der Wendepunkte (x_w, y_w) dieser Glockenkurve hindurch. Die Lage der Wendepunkte der Funktion (3) ist durch die Bedingung:

$$d^2 c / dx^2 = 0$$

gegeben.

Führt man mit der Gl. (3) diese Operation durch, so ergibt sich:

$$x_w = \sqrt{2\,D \cdot t} \tag{4}$$

Die Ordinate der beiden Wendepunkte ist $y_w = 1/\sqrt{e}.$ Sie hat also einen konstanten Wert, dem im Wahrscheinlichkeitsnetz der Punkt 15,87% entspricht.

Damit ist bei der Darstellung der Ergebnisse im Wahrscheinlichkeitsnetz die Möglichkeit gegeben, aus der Lage der Geraden den Wert für x_w abzulesen. Durch das Einsetzen von x_w und der Versuchsdauer t in die Gl. (4) läßt sich die Größe des Diffusionskoeffizienten D berechnen.

Bei der Diffusion von Zr in TiO_2 (Abb. 11) liegt z. B. x_w bei $25{,}5 \cdot 10^{-3}$ cm. Die Versuchsdauer betrug 72 Std., d. h. $25{,}92 \cdot 10^4$ sec.

Daraus folgt für den Diffusionskoeffizienten D von

Zr in TiO_2 bei 1600 °C ein Wert von $1{,}25 \cdot 10^{-9}$ cm²/sec

als Mittelwert von 17 Messungen.

Auf die gleiche Art ergab sich für die Diffusion von

Ti in ZrO_2 bei 1600°C ein Wert von $D = 0{,}92 \cdot 10^{-8}$ cm²/sec

als Mittelwert von 12 Messungen. Die Streuung der Meßpunkte betrug etwa $\pm$ 12%.

Aus den hier durchgeführten Untersuchungen läßt sich nicht entnehmen, ob es sich um eine Oberflächen- oder Volumendiffusion handelt. Eine Oberflächendiffusion ist wahrscheinlicher. Möglicherweise sind die ermittelten Werte von D nur als »scheinbare« Diffusionskoeffizienten aufzufassen.

Die Ergebnisse zeigen auf jeden Fall, daß bei der Sinterung einer Mischung von TiO_2 und ZrO_2 das Ti etwa zehnmal schneller in die Körner von ZrO_2 eindringt als das Zr in die TiO_2-Körner. Leider war es nicht möglich, im Rahmen der vorliegenden Arbeit die Untersuchung der anderen Stoffpaare auf ähnliche Weise durchzuführen.

5. Dielektrische Messungen

5.1 Stand der Erkenntnisse

In der Elektrokeramik nehmen Körper, die TiO_2 als Grundsubstanz enthalten, schon lange einen breiten Raum ein. Die Schwierigkeiten, die mit der Herstellung solcher keramischer Werkstoffe mit präzisen elektrotechnischen Eigenschaften verbunden sind, hat der Techniker auf empirischem Wege und durch Intuition weitgehendst überwunden. Die Erfahrungen und Erkenntnisse, die dabei gewonnen wurden, werden meistens sorgfältig gehütet, so daß die Fachliteratur auf dem Gebiete der Technologie solcher Werkstoffe nicht viel zu bieten hat.

Palatzky [13] beschreibt die Zusammensetzung der Massen, ihre Aufbereitung und Formung sowie das Brennen von TiO_2-haltigen Rohlingen. Die Korngröße des TiO_2 soll erfahrungsgemäß nicht über 5 μ hinausgehen. TiO_2 selbst hat einen negativen TK_ε, mit steigender Temperatur sinkt deshalb die Kapazität solcher Kondensatoren ab. Durch Zusätze von Metalloxiden wie MgO, La_2O_3, ZrO, BeO, SnO_2, ThO_2 gelingt es, Kondensatoren herzustellen, die sogar einen positiven TK_ε besitzen. Entsprechend dem Anteil an Fremdoxiden sinkt allerdings dabei die DK ab.

Eine weitere unangenehme Eigenschaft der TiO_2-Körper besteht darin, daß sie frequenz- und temperaturabhängige dielektrische Verluste (DV) haben. Mit absinkender Frequenz und ansteigender Temperatur steigen die DV an.

Dieser Mangel wird durch einen Zusatz von ZrO_2 (5–10%) behoben. Die Wirkung von ZrO_2 soll darauf beruhen, daß durch diesen Zusatz das Kornwachstum von TiO_2 gehemmt wird. Bei einem Zusatz von ZrO_2 wird jedoch die Sintertemperatur, die sonst im Intervall von 1320 bis 1410° C liegt, erhöht. Auch die Brennatmosphäre ist wichtig. Beim reduzierenden Brennen geht TiO_2 in Ti_2O_3 über. Bei zu hohen Brenntemperaturen erfolgt sogar in oxidierender Atmosphäre eine Abspaltung von Sauerstoff.

In der Praxis wird der negative TK_ε durch Zusatz von MgO ausgeglichen. Für diese Zwecke kann man aber auch ZnO verwenden. Bei der Zusammensetzung 1,25 Mol ZnO : 1 Mol TiO_2 (Sintertemperatur 1300° C) ist der TK_ε gleich Null, $\varepsilon = 18{,}5$ und $\mathrm{tg}\,\delta\ 14 \cdot 10^{-4}$. Bei einem Zusatz von 0,1 Mol ZnO zu 1 Mol TiO_2 (Sintertemperatur 1340° C) beträgt der $TK_\varepsilon - 710 \cdot 10^{-6}\ \mathrm{grd}^{-1}$, $\varepsilon = 83$ und $\mathrm{tg}\,\delta = 4 \cdot 10^{-4}$. Außer einer erniedrigten Sintertemperatur bietet ZnO gegenüber MgO keine Vorteile.

Beim Zusatz von ZrO_2 (15%) zeigen die Röntgenogramme der Brennprodukte eine Aufweitung des Rutilgitters, da der Ionenradius von Zr^{4+} viel größer ist als der von Ti^{4+}.

Ähnliche Angaben findet man auch bei Březina-Arend [18], die sich zum Teil auf Palatzky und seine Quellen berufen. Bogorodickij und Fridberg [19] stützen sich dagegen unter Berücksichtigung der sowjetischen Normen GOST 5458-57 ausschließlich auf Erfahrungen östlicher Länder.

In neuester Zeit sind die mineralogischen und kristallographischen Grundlagen der TiO_2-Keramik von Mehmel [20] erörtert worden.

Seitdem es möglich geworden ist, größere Rutilkristalle künstlich herzustellen, konzentriert sich die Forschung immer mehr auf die Klärung der grundlegenden Vorgänge elektrischer Natur in Einkristallen von TiO_2. Die bis 1959 erzielten Ergebnisse hat Grant [21] in vorbildlicher Weise zusammengefaßt. Spätere Zusammenfassungen stammen von Fredereikse [22] und von Hippel [23].

Die elektrische Leitfähigkeit von Rutileinkristallen hat vorwiegend elektronischen Charakter und ist in der Richtung der *c*-Achse wesentlich größer als senkrecht dazu. Sie steigt mit der Temperatur nach der bekannten exponentiellen Beziehung an (CRONEMEYER [24]). Die Leitfähigkeit ist vom Sauerstoffpartialdruck abhängig und wird durch Oxidzusätze in verschiedener Weise beeinflußt. Rutil wird als ein *n*-Halbleiter betrachtet. Nach HURLEN [25] ist die Fehlordnung im Rutil z. T. stöchiometrischer, z. T. nichtstöchiometrischer Natur, wobei Ti^{4+}-Ionen Zwischenplätze besetzen können. Die Leitfähigkeit im statischen Feld ist zeitabhängig. GARDON [26] erklärt dies durch den Übergang der gefangenen Elektronen in das Leitfähigkeitsband. HARWOOD [27] beobachtete einen Anstieg der Leitfähigkeit mit der Zeit, den er einem Sauerstoffverlust des Rutils zuschreibt.

Für HARWOOD steht fest, daß es im Rutil auch eine Ionenleitfähigkeit gibt, wobei die Frage, welche Ionen wandern, offen gelassen wird. Die in das Rutilgitter eingebauten Verunreinigungen erhöhen oder erniedrigen den Elektronenstrom, je nach dem, ob sie als Elektronendonatoren oder Akzeptoren wirken. Ihre Wirkung kann aber auch darin bestehen, daß sie die Wanderung von Ionen begünstigen oder hemmen. Ein Zusatz von ZrO_2 hatte bei HARWOOD keinen Einfluß auf die zeitliche Stabilität des Stromes, obwohl röntgenographische Untersuchungen zeigten, daß das Oxid im TiO_2 gelöst wurde.

Die DK der Einkristalle von Rutil beträgt in der *c*-Richtung 173 und in der *a*-Richtung 89 [21]. Die DK ist nur schwach frequenzabhängig. Die elektronische und ionische Polarisation zusammen ergeben beim Rutil nach Berechnungen von ROBERTS [28] 95,5 Å^3, wenn man für die Polarisation von O^{2-} 30 Å^3 einsetzt. Die DK hat einen negativen TK_ε. ROBERTS [28] führt dies auf thermische Ausdehnung des Rutils und auf die Temperaturabhängigkeit der Polarisation zurück. VON HIPPEL [29] sieht den Grund für den negativen TK_ε eher in der elektronischen Instabilität des Rutils und in dem gemischten Bindungscharakter (63% heteropolare Bindung) dieses Oxides, weswegen die Bornsche Polarisationsformel mit starren Ladungsentfernungen nicht anwendbar ist. Neuere Vorstellungen über den Temperaturkoeffizienten der DK in polykristallinen Stoffen entwickelte HERSPING [30]. Die DK und DV werden von dem Fehlordnungsgrad im Kristall stark beeinflußt (SRIVASTAVA [31]). Auch verschiedene Zusätze beeinflussen die DK und DV ziemlich stark.

Nach PARKER-WASILIK [32] ist eine anormale Abhängigkeit der DK und DV von der Frequenz, wenn sie an reinen Rutilkristallen beobachtet wird, auf eine elektronenarme Randschicht zwischen dem Kristall und der Elektrode zurückzuführen. Stärkere Relaxationen im Niederfrequenzbereich können nach SRIVASTAVA [31] auch durch Abschreckung der Kristalle herbeigeführt werden. HOOLANDER [33] ist der Meinung, daß die dielektrischen Eigenschaften von Rutil durch ein Modell erklärt werden können, in dem die Sauerstoffleerstellen nadelartig in einem isolierenden Medium eingebettet sind.

Die bisher gesammelten Erkenntnisse über die dielektrischen Eigenschaften von Rutileinkristallen ergeben keineswegs ein abgerundetes und von Widersprüchen freies Bild. Es ist deswegen nicht verwunderlich, daß die Zusammenhänge beim polykristallinen Material noch weniger durchsichtig sind, da hier zu den reversiblen Gitterfehlern noch die irreversiblen Fehler dazukommen (Korngrenzen, Poren usw.).

VON HIPPEL und Mitarbeiter [29] sinterten reines TiO_2 (insgesamt 2% Verunreinigungen) 6 Std. bei 1350°C unter langsamer Abkühlung und ermittelten an diesen Proben DK und DV in Abhängigkeit von der Temperatur (—100 bis +320°C) und von der Frequenz (60–10^5 Hz). Die Ergebnisse sind nach der Meinung der Verfasser als eine Folge von Grenzflächenpolarisation zu verstehen, die dadurch zustande kommt, daß sich die Ladungsträger an den Kristallgrenzen ansammeln.

SKANAVI und DEMEŠINA [34] haben polykristallinen Rutil unter Zusatz von verschiedenen Erdalkalioxiden (SrO, CaO, BaO, ZnO, MgO) in unterschiedlichen Mengen ohne Angabe von Sinterbedingungen zu Prüfkörpern geformt und die DK und DV in Abhängigkeit von der Temperatur, Frequenz und Konzentration der Zusätze gemessen. Die tgδ-Kurven zeigen bei niedrigen Temperaturen Maxima, die mit ansteigender Frequenz zu höheren Temperaturen wandern. Im Bereich des Maximums zeigt auch die DK einen plötzlichen Anstieg. Diese Effekte sind beim CaO und SrO am stärksten, beim MgO weniger ausgeprägt und beim ZnO sehr schwach. Die Effekte sind am stärksten bei der niedrigsten Konzentration (1,25 XO · 100 TiO_2) und nehmen mit ansteigender Konzentration ab. Es fehlen leider die Angaben über das Verhalten des verwendeten Rutils ohne Zusätze. Die Aktivierungsenergie des Relaxationsprozesses (etwa 0,23 eV) ist von der Oxidart unabhängig und viel geringer als die des Leitungsvorganges. Daraus folgern die Verfasser, daß die Fremdoxide in das Rutilgitter eindringen und eine Auflockerung herbeiführen. In einer späteren Arbeit hat SKANAVI [35] Änderungen des Rutilgitters röntgenographisch nachgewiesen. Bei der Auflockerung entstehen »schwach gebundene« Ionen, die für den Relaxationsvorgang verantwortlich sind. Die »schwach gebundenen« Ionen sind nicht die Ionen des zugesetzten Oxids, sondern entweder die Ti^{4+}- oder O^{2-}-Ionen. Der Grad der Auflockerung des Rutilgitters ist von der Art des Kations abhängig. Das Absinken der Wirksamkeit der Oxide mit der Konzentration wird durch die Annahme erklärt, daß bei höheren Konzentrationen Titanate bzw. Metatitanate gebildet werden, wodurch der Ionenverband im Gitter verstärkt wird.

BOGORODICKIJ [14] und Mitarbeiter haben auf ähnliche Weise verschiedene TiO_2-Präparate untersucht: spektral reines TiO_2, eine feste Lösung von Ti_2O_3 in TiO_2, ein Kondensatorenmaterial und ein technisches TiO_2. Als Zusätze wurden Nb_2O_5, Fe_2O_3, Al_2O_3, CaO, ZrO_2 eingesetzt. Die gepreßten Tabletten wurden im elektrischen Ofen in Platin-Tiegeln bei 1200–1450°C gesintert. Bei allen Proben mit oder ohne Zusatz wurde ein normales TiO_2-Gitter gefunden. Die Diskrepanz im Vergleich zu den Ergebnissen von SKANAVI [34] wird auf Versuchsfehler des letzteren zurückgeführt. Die Abhängigkeit der DK und des tg δ von der Frequenz und Temperatur zeigt bei spektral reinem Rutil einen Verlauf, der sich völlig mit dem von VON HIPPEL [29] angegebenen deckt und von den Verfassern als »normales« Verhalten bezeichnet wird. Wird dem spektral reinen Rutil Nb_2O_5 zugesetzt (0,25%), so treten Anomalien auf. tg δ zeigt Maxima bei tiefen Temperaturen und niedrigen Frequenzen. Im Bereich dieser Maxima steigt die DK steil an. Ähnliche Anomalien ergibt aber auch das Rutil mit fester Lösung. Die Anomalien verschwinden jedoch, wenn diesen Präparaten zusätzlich noch Fe_2O_3 oder Al_2O_3 bzw. ZrO_2 zugegeben werden (0,5%). Nur bei Zugabe von CaO werden die Anomalien nicht beseitigt, sondern nach tieferen Temperaturen hin verschoben. Die DK wird dabei weitgehend von der Temperatur unabhängig und zeigt insbesondere beim Zusatz von ZrO_2 eine leicht absinkende Tendenz.

Die Verfasser haben auch Sauerstoffverluste im Bereich von 1300 bis 1450°C ermittelt und fanden, daß der Sauerstoffverlust beim Rutil mit Ti_2O_3 in fester Lösung und Zusatz von Nb_2O_5 bzw. CaO stark hervortrat und etwa 25mal größer als beim spektral reinen TiO_2 war. Auf Grund dieser Ergebnisse verwerfen die Verfasser die Hypothese von SKANAVI [34] über eine Auflockerung des Rutilgitters und nehmen an, daß die Relaxationserscheinungen auf eine Reduktion von TiO_2 zu Ti_2O_3 zurückzuführen sind. Je nach der Wirkung teilen die Verfasser die Oxide in zwei Gruppen:

1. Oxide, deren Kation eine höhere Wertigkeit als Ti^{4+} hat (Nb_2O_5, Ta_2O_5) und solche, deren Kation eine niedrigere Valenz als Ti^{4+} hat (Ce^{3+}, La^{3+}, Yt^{3+}), die jedoch mit TiO_2 keine Verbindungen eingehen.

2. Oxide, die mit TiO_2 Verbindungen oder feste Lösungen bilden (Fe_2O_3, Al_2O_3) oder Ti^{4+} im Gitter ersetzen können (Zr^{4+}).

Die erste Gruppe der Kationen begünstigt den Übergang $TiO_2 \rightarrow Ti_2O_3$, durch die zweite Gruppe wird das O^{2-} fester an das Gitter gebunden.
Johnson [36] untersuchte die Gleichstromleitfähigkeit von chemisch reinem Rutil. Die Proben wurden 4 Std. bei 1200°C gesintert. Die Messungen erfolgten bei 250°C mit einer Spannung von 1,5 V. Dem reinen Rutil wurden der Reihe nach die Oxide X_2O_5, XO_3, X_2O_3, XO_2 und XO in Konzentrationen von 0,25, 0,50, 0,75 und 1,0 Mol.-% zugesetzt.
Die Ergebnisse zeigten, daß die Oxide X_2O_5 und XO_3 die Leitfähigkeit stark erhöhen. Dies waren besonders bei Nb_2O_5, Ta_2O_5 und WO_3 der Fall. Durch einen Zusatz von Oxiden X_2O_3 wird die Leitfähigkeit erniedrigt. Ausnahmen bilden B_2O_3 und Cr_2O_3. ZrO_2 hatte praktisch keinen Einfluß auf die Leitfähigkeit. Die Oxide XO erniedrigten die Leitfähigkeit, wobei CaO eine besonders starke Wirkung zeigte. Die Wirksamkeit der Oxide ist im niedrigen Konzentrationsbereich besonders deutlich. Die Erklärung der Ergebnisse geht von der Voraussetzung aus, daß Kationen mit höherer Wertigkeit als Ti^{4+} eine Reduktion des Ti^{4+} zu Ti^{3+} herbeiführen, die durch Zufuhr von Sauerstoff nicht zu beseitigen ist. Der Verfasser nimmt an, daß der von ihm verwendete Rutil schon im Anlieferungszustand geringe Mengen von Nb_2O_3 und WO_3 enthielt, da diese Oxide stets das Rutil-Mineral als Spurenelemente begleiten. Setzt man solchem TiO_2 Oxide aus der Gruppe X_2O_3 hinzu, so verhindert die Kombination Nb^{5+}—X^{3+} den Übergang von Ti^{4+} in Ti^{3+}, da diese Kombination zwei Ti^{4+} ersetzt. Die Unwirksamkeit von ZrO_2 wird darauf zurückgeführt, daß die Wertigkeit von Zr^{4+} stabil ist und sein Ionenradius sehr groß ist. Die erniedrigende Wirkung von Oxiden XO wird durch die stabile Wertigkeit der Kationen und durch die Fähigkeit, mit TiO_2 Verbindungen zu bilden, erklärt.
Economos [37] hebt die Rolle der Grenzflächenladungen bei polykristallinem Material hervor. Die Ladungsträger stoßen auf ihrem Weg auf Phasen unterschiedlicher Leitfähigkeit, auf intra- und intergranulare Poren, an denen sie angehäuft werden. Die Sinterungsbedingungen (Sintertemperatur und Sinterdauer) spielen eine große Rolle. So hat sich herausgestellt, daß für die Höhe der DK eine optimale Temperatur von etwa 1450°C nicht überschritten werden soll. Der Einfluß der Textur ist daraus zu ersehen, daß die DK um so höher liegt, je größer das Raumgewicht des Materials ist. Wie Ergebnisse der röntgenographischen Untersuchungen zeigen, konzentrieren sich bei zu hohen Sintertemperaturen und Sinterzeiten die Verunreinigungen an den Korngrenzen, wodurch die DK absinkt.
Bunag und Koenig [38] weisen darauf hin, daß auch die elastischen Eigenschaften eines Körpers zu den Verlusten beitragen können. Die Polarisierbarkeit verschiedener Kationen ist von der Umgebung abhängig. Starke Polarisation (elektronische und ionische) des Kations führt dazu, daß die Relaxationserscheinungen zu tieferen Frequenzen und niedrigeren Temperaturen verschoben werden.
Inshikura und Sakata [39] untersuchten die elektrische Leitfähigkeit von heiß verpreßtem Rutil. Die Verdichtung erfolgte bei 1350°C mit einem Druck von 350 kp/cm^2 im Vakuum. Anschließend wurden die Proben 48 Std. bei 800°C unter Atmosphärendruck von Sauerstoff getempert. Die Verfasser fanden, daß heiß gepreßter Rutil eine etwa gleich große Leitfähigkeit besitzt wie die Einkristalle. Durch Zusatz von Nb_2O_5 und Ta_2O_5 steigt die Leitfähigkeit an, und zwar um so stärker, je höher die Konzentration des zugesetzten Oxids ist.
Greener [40] und Mitarbeiter haben die Leitfähigkeit von polykristallinem Rutil in Abhängigkeit vom Sauerstoffdruck bei verschiedenen Temperaturen gemessen. Unter 900°C ist die Leitfähigkeit vom Sauerstoffdruck unabhängig. Dies wird dadurch erklärt, daß in diesem Bereich die Leitfähigkeit durch Verunreinigungen bedingt ist. Oberhalb

dieser Temperatur sinkt die Leitfähigkeit mit ansteigendem Sauerstoffdruck ab. Daraus folgern die Verfasser, daß in diesem Temperaturbereich Gitterfehler vorherrschen, die auf eine Änderung der Stöchiometrie zurückzuführen sind.

5.2 Eigene Messungen

5.2.1 Versuchsbedingungen

Es wurden nur die Mischungen $TiO_2 + ZrO_2$, $TiO_2 + ZnO$ sowie TiO_2 allein untersucht. Die Proben wurden aus den gleichen Ausgangsmaterialien hergestellt, die auch bei den Sinterungsversuchen verwendet wurden. Der Preßdruck betrug 670 kp/cm,^{2} die Sintertemperatur bei den Mischungen $TiO_2 + ZrO_2$ 1500° C, bei den Mischungen $TiO_2 + ZnO$ 1200° C. Das Sintern wurde in allen Fällen an der Luft vorgenommen und dauerte 24 Std. Die gesinterten Proben hatten im Mittel einen Gesamtdurchmesser von 16 mm und eine mittlere Dicke von 2,5 mm. Die Porosität lag bei 4%. Bei den Messungen wurde die Schutzringmethode verwendet und Platinelektroden durch Kathodenzerstäubung aufgebracht.

Eine zweite Reihe gleicher Mischungen wurde heiß verpreßt. Hierfür benutzte man einen Philips-Hochfrequenzgenerator mit 12 kW. Die Matrizen bestanden aus Kohle. Der Preßdruck lag bei 10 kp/cm^2. Der Verdichtungsvorgang dauerte, nachdem die Temperatur von 1500° C erreicht wurde, 5 min. Die Proben wurden anschließend im Sauerstoffstrom bei höherer Temperatur regeneriert. Die restliche Porosität in den so hergestellten Proben schwankte um 5%.

Im folgenden werden die ohne Druck versinterten Proben als »normal versintert« und die mit gleichzeitiger Druckwirkung hergestellten als »heiß verpreßt« bezeichnet. An beiden Probearten wurde die Gleichstromleitfähigkeit in Abhängigkeit von der Temperatur, der Leitwert und die Kapazität in Abhängigkeit von der Frequenz und Temperatur gemessen.

5.2.2 Versuchsergebnisse

Die Abb. 11 zeigt den Verlauf des Leitwertes G und der Kapazität C' in Abhängigkeit von der Frequenz und Temperatur einer Probe, die allein aus TiO_2 bestand. Analoge Diagramme ergaben die Mischungen des TiO_2 mit ZrO_2 bzw. ZnO in verschiedenen Konzentrationsverhältnissen, einmal normal versintert und das andere Mal heiß verpreßt.

Auf Grund dieser Messungen wurde jeweils der Wert für DK und $\operatorname{tg}\delta$ ermittelt. Um die Wirkung der Zusätze ZrO_2 und ZnO leichter übersehen zu können, wurden die DK-Werte und $\operatorname{tg}\delta$-Werte der Mischungen ins Verhältnis zu den entsprechenden Werten des TiO_2 ohne Zusatz gesetzt. Es gilt somit z. B.:

$$F_\varepsilon = \frac{\text{DK des } TiO_2 \text{ mit Zusatz}}{\text{DK des } TiO_2 \text{ ohne Zusatz}}$$

Auf ähnliche Art sind auch die weiteren Größen F_δ und $F_\varkappa$ definiert und berechnet worden, wobei $F_\varkappa$ sich auf die Gleichstromleitfähigkeit bezieht.

Die auf diese Weise berechneten Werte von F_ε und F_δ sind aus den Tab. 7–14 ersichtlich. Tab. 15 gibt auf ähnliche Weise die Möglichkeit, den Einfluß der Zusätze auf die Gleichstromleitfähigkeit von TiO_2 unter verschiedenen Bedingungen abzuschätzen.

5.2.3 Diskussion der Ergebnisse

Wirkung von ZrO_2

Aus den Tab. 7 und 8 ersieht man, daß bei normal versinterten Proben ein Zusatz von ZrO_2 erhöhend auf die DK des TiO_2 wirkt. Die erhöhende Wirkung von ZrO_2 wird bei niedrigen Konzentrationen mit absinkender Frequenz und ansteigender Temperatur immer ausgeprägter. Mit ansteigender Konzentration von ZrO_2 wird seine Wirkung schwächer und schlägt bei einem Zusatz von 5% in das Gegenteil um. Durch den Zusatz von ZrO_2 wird tg δ erhöht, und zwar am stärksten bei der niedrigsten Konzentration. Mit ansteigender Konzentration sinkt der Einfluß von ZrO_2 auf tg δ ab, um bei den Konzentrationen von 1% bzw. 5% wieder anzusteigen. In der Temperaturabhängigkeit des tg δ zeigt sich bei etwa 150° C ein leichtes Maximum der Wirksamkeit, das sich anscheinend bei höheren Konzentrationen zu tieferen Temperaturen hin verschiebt.

Diese Ergebnisse stimmen mit der praktischen Erfahrung überein, nach der die TiO_2-Dielektrika mit einem Zusatz von 5 bis 10% ZrO_2 weitgehend frequenz- und temperaturunabhängig werden. Auch die Beobachtung, daß die Wirksamkeit von ZrO_2 bei geringen Konzentrationen am stärksten ist, deckt sich mit den Feststellungen anderer Autoren. Das Maximum in der Temperaturabhängigkeit von tg δ deutet auf einen Relaxationseffekt hin, der von ZrO_2 verursacht wird. Am absteigenden Ast dieses Maximums steigt die DK an.

Aus den Tab. 9 und 10 geht hervor, daß bei heißverpreßten Proben die DK rd. um 75% erniedrigt wird, wobei ein Konzentrations- oder Temperatureinfluß praktisch nicht zu erkennen ist. Die Frequenzabhängigkeit ist schwach. tg δ wird bei heißverpreßten Körpern weniger als bei den normal versinterten Proben von der Frequenz beeinflußt. Die Konzentrationsabhängigkeit der Wirkung von ZrO_2 auf tg δ ist undeutlich. Der bei den normal versinterten Proben beobachtete Relaxationseffekt schwankt im Bereich von 150 bis 250° und ist schwächer als bei den normal versinterten Proben.

Man muß berücksichtigen, daß zwischen den normal versinterten und den heiß verpreßten Proben Unterschiede bestehen. Bei den heiß verpreßten Proben vollzieht sich die Verdichtung so schnell, daß für eine Diffusion der Komponenten ineinander und für ein Kornwachstum nicht genügend Zeit zur Verfügung steht. Die heiß verpreßten Proben stellen somit reine Mischkörper dar. Die ZrO_2-Komponente bewirkt mit verhältnismäßig niedriger eigener DK eine Erniedrigung der DK des ganzen Systems. Dazu kommt, daß das TiO_2-Korn in seiner ursprünglichen Feinheit erhalten geblieben ist. Die ZrO_2-Komponente gleicht auch den TK_ε des Systems aus. Der geringe Einfluß von ZrO_2 auf tg δ bei den heißverpreßten Proben überrascht jedoch, da die Leitfähigkeit nach dem Heißpressen erheblich angestiegen ist (s. Tab. 15).

Wirkung von ZnO

Die Tab. 11 und 12 zeigen, daß durch einen Zusatz von ZnO die DK von TiO_2 herabgesetzt wird. Die erniedrigende Wirkung von ZnO auf die DK nimmt mit ansteigender Konzentration von ZnO schwach zu. Ein leichter Einfluß der Frequenz ist nur bei der niedrigsten Konzentration (0,25 Mol.-% ZnO) zu erkennen, während bei höheren Konzentrationen die Wirksamkeit von ZnO praktisch frequenzunabhängig ist. Bei zunehmender Temperatur steigt die erniedrigende Wirkung von ZnO auf die DK an. Dies deckt sich mit den Beobachtungen von Skanavi [34]. Der Zusatz von ZnO wirkt sich auf tg δ zum Teil erhöhend und zum Teil erniedrigend aus. Die erhöhende Wirkung ist bei der geringsten Konzentration von ZnO am stärksten und nimmt mit zunehmender Konzentration ab. Der Einfluß der Frequenz ist sehr deutlich: mit an-

steigender Frequenz nimmt der erniedrigende Einfluß von ZnO zu. Die Temperaturabhängigkeit des Einflusses auf tg δ zeigt bei niedrigen Konzentrationen ein flaches Maximum, das etwa bei 200° C liegt. Bei höheren Frequenzen ist jedoch ein deutlicher Anstieg von tg δ unter dem Einfluß von ZnO zu vermerken. Es sieht so aus, als ob bei höheren Frequenzen und Temperaturen ein weiterer Relaxationsvorgang vorhanden wäre. Dies stimmt jedoch mit den Beobachtungen von SKANAVI [34] nicht überein.
Die Tab. 13 und 14 zeigen die Ergebnisse der Mischungen TiO_2 + ZnO im heißverpreßten Zustand. Unter dem Einfluß von ZnO sinkt die DK des Systems noch stärker ab, als dies bei den normal versinterten Körpern der Fall ist. Die Wirkung von ZnO ist kaum von der Konzentration abhängig. Ein Einfluß der Frequenz und Temperatur ist nicht zu erkennen. In bezug auf tg δ hat sich das Bild nicht wesentlich geändert. Der Einfluß der Konzentration von ZnO ist noch weniger deutlich geworden. Das Temperaturmaximum des Relaxationseffektes bei tiefen Frequenzen liegt im gleichen Temperaturbereich und ist noch flacher als bei den normal versinterten Proben. Der Temperatureinfluß auf tg δ bei hohen Frequenzen ist jedoch bei heiß verpreßten Proben stärker ausgeprägt und bleibt auch bis zur niedrigsten Konzentration wirksam. Mit einem Kornwachstum des TiO_2 ist auch in diesem Falle nicht zu rechnen. Ebenso hat die Reaktionszeit zur Bildung des Zn_2TiO_4 nicht ausgereicht. Freies ZnO drückt mit seiner niedrigen DK [41] (8,5) die DK des Systems stark herab. Aus der hier deutlicher ausgeprägten Temperaturabhängigkeit des Einflusses von ZnO auf tg δ, der sogar bei mittleren Frequenzen in Erscheinung tritt, kann man schließen, daß dieser Effekt allein dem ZnO zuzuschreiben ist.

5.2.4 Gleichstromleitfähigkeit

Die in der Tab. 15 zusammengefaßten Ergebnisse sind, was ZrO_2 im heißverpreßten Zustand betrifft, etwas überraschend. Die Erhöhung der Leitfähigkeit bei den normal versinterten Proben mit ZrO_2- sowie ZnO-Zusatz ist verständlich. Bei den heißverpreßten Proben könnte man auf Grund der Verringerung der Porosität mit einer weiteren Erhöhung der Leitfähigkeit rechnen. Da nun nach dem Heißpressen beide Probenreihen sowohl mit ZrO_2- als auch mit ZnO-Zusatz auf die gleiche Art im Sauerstoffstrom getempert wurden, könnte man eher bei den Proben mit ZnO einen höheren Leitfähigkeitsanstieg als bei den Proben mit ZrO_2 erwarten. Gerade das Gegenteil ist jedoch der Fall. Die niedrigeren Werte für tg δ bei den heißverpreßten Proben mit ZnO-Zusatz gegenüber den analogen Proben, die normal versintert wurden, stehen im Einklang mit der niedrigeren Leitfähigkeit der Körper im heißverpreßten Zustand. Bei heißverpreßten Proben mit ZrO_2-Zusatz wären jedoch höhere Werte für tg δ zu erwarten gewesen, wenn man die erhöhte Leitfähigkeit in Rechnung setzt.

Tab. 7 F_ε *bei normal versinterten Mischungen* $TiO_2 + ZrO_2$

ZrO_2 %	0,25			0,50			1,0			5,0		
T °C	50 Hz	10^3 Hz	10^5 Hz	50 Hz	10^3 Hz	10^5 Hz	50 Hz	10^3 Hz	10^5 Hz	50 Hz	10^3 Hz	10^5 Hz
50	1,67	1,37	–	1,15	1,14	0,81	1,02	0,94	0,72	0,48	0,53	0,61
100	1,44	1,25	0,84	–	1,10	0,80	0,94	0,82	0,68	0,46	0,47	0,56
150	1,94	1,43	0,93	1,10	1,10	0,82	1,07	0,94	0,63	0,53	0,44	0,50
200	2,30	1,50	0,88	1,01	1,06	0,87	1,19	1,04	0,64	0,76	0,46	0,46
250	2,87	1,51	0,86	0,86	1,01	0,81	1,41	1,05	0,70	0,83	0,52	0,43
300	5,23	1,81	0,82	0,77	0,91	0,78	1,88	1,06	0,69	1,17	0,70	0,41
350	5,75	1,85	0,78	0,77	0,79	0,74	1,78	1,30	0,76	0,35	0,85	0,41
400	8,37	2,36	0,73	1,26	0,74	0,74	2,05	1,32	0,72	1,00	0,78	0,42
450	6,77	2,65	0,76	1,15	0,75	0,73	1,06	1,08	0,78	0,65	0,64	0,43
500	4,42	1,25	0,63	1,55	0,83	0,70	0,78	0,88	0,75	0,42	0,52	0,43

Tab. 8 F_δ *bei normal versinterten Mischungen* $TiO_2 + ZrO_2$

ZrO_2 %	0,25			0,50			1,0			5,0		
T °C	50 Hz	10^3 Hz	10^5 Hz	50 Hz	10^3 Hz	10^5 Hz	50 Hz	10^3 Hz	10^5 Hz	50 Hz	10^3 Hz	10^5 Hz
50	–	–	–	–	–	–	3,08	–	–	–	–	–
100	6,26	3,53	1,34	0,76	–	–	3,00	–	–	–	–	–
150	9,46	5,19	1,88	0,74	–	–	3,40	–	–	–	–	–
200	7,50	6,53	2,15	0,95	1,08	1,93	3,12	3,53	1,72	–	–	–
250	7,90	6,40	2,46	1,19	1,27	2,23	2,76	3,20	2,30	3,16	4,27	0,39
300	4,46	5,50	2,83	1,52	0,85	2,07	1,30	2,11	2,29	2,18	2,88	1,09
350	1,90	4,24	2,66	1,69	1,09	1,58	1,03	1,63	2,04	1,36	1,63	1,62
400	1,13	3,80	3,27	1,33	1,85	1,33	1,10	1,78	2,00	1,50	1,69	1,89
450	0,74	2,00	3,21	0,90	1,37	1,32	1,15	1,07	1,64	1,38	1,33	1,74
500	0,72	1,96	2,51	0,68	1,37	1,54	1,13	1,00	1,60	1,43	1,07	1,70

Tab. 9 F_ε *bei heiß verpreßten Mischungen* $TiO_2 + ZrO_2$

ZrO_2 %	0,25			1,0			5,0		
T °C	50 Hz	10^3 Hz	10^5 Hz	50 Hz	10^3 Hz	10^5 Hz	50 Hz	10^3 Hz	10^5 Hz
50	–	–	–	0,22	–	–	–	–	–
100	0,23	–	–	0,22	0,21	0,29	–	–	–
150	0,22	0,22	–	0,24	0,20	0,25	0,16	0,18	0,18
200	0,22	0,21	–	0,33	0,23	0,22	0,16	0,18	0,18
250	0,23	0,20	–	0,37	0,24	0,20	0,13	0,18	0,18
300	0,28	0,19	0,14	0,46	0,25	0,19	0,12	0,13	0,18
350	0,26	0,17	0,14	0,40	0,25	0,17	0,10	0,11	0,16
400	0,21	0,19	0,14	0,30	0,26	0,16	0,09	0,11	0,14
450	0,13	0,15	0,14	0,18	0,18	0,15	0,07	0,10	0,14
500	0,23	0,14	0,14	0,27	0,18	0,15	0,29	0,28	0,23

Tab. 10 F_δ *bei heiß verpreßten Mischungen* $TiO_2 + ZrO_2$

ZrO_2 %	0,25			1,0			5,0		
T °C	50 Hz	10^3 Hz	10^5 Hz	50 Hz	10^3 Hz	10^5 Hz	50 Hz	10^3 Hz	10^5 Hz
50	–	–	–	2,00	0,30	0,02	0,24	0,08	0,01
100	1,24	–	–	3,53	1,00	0,03	0,50	0,15	0,01
150	1,96	–	–	6,00	2,43	0,06	1,00	0,32	0,02
200	2,87	2,61	–	4,17	4,49	0,19	1,42	0,61	0,03
250	2,81	2,40	–	–	–	–	1,85	0,90	0,06
300	1,54	1,87	0,81	–	–	–	1,04	0,68	0,09
350	0,89	1,55	0,77	–	–	–	–	–	–
400	1,10	1,19	0,92	–	–	–	–	–	–
450	0,94	0,90	0,82	–	–	–	–	–	–
500	0,98	1,48	1,27	–	–	–	–	–	–

Tab. 11 F_ε *bei normal versinterten Mischungen* $TiO_2 + ZnO$

ZnO %	0,25			2,0			5,0			10,0		
T °C	50 Hz	10^3 Hz	10^5 Hz	50 Hz	10^3 Hz	10^5 Hz	50 Hz	10^3 Hz	10^5 Hz	50 Hz	10^3 Hz	10^5 Hz
50	0,86	0,82	0,62	0,47	0,54	0,58	0,47	0,52	0,52	0,39	0,40	0,47
100	0,84	0,76	0,57	0,43	0,47	0,53	0,43	0,47	0,48	0,36	0,36	0,45
150	0,77	0,83	0,51	0,38	0,43	0,46	0,38	0,45	0,44	0,35	0,33	0,40
200	0,85	0,77	0,47	0,39	0,40	0,41	0,42	0,43	0,49	0,30	0,32	0,37
250	0,96	0,85	0,44	0,33	0,32	0,38	0,35	0,36	0,37	0,21	0,30	0,35
300	1,60	0,94	0,41	0,59	0,27	0,35	0,55	0,32	0,35	0,20	0,30	0,33
350	1,05	0,91	0,39	0,24	0,22	0,32	0,22	0,24	0,34	0,18	0,25	0,32
400	0,72	0,71	0,35	0,17	0,21	0,29	0,16	0,19	0,31	0,13	0,19	0,29
450	0,46	0,47	0,34	0,07	0,15	0,27	0,04	0,13	0,30	0,06	0,14	0,28
500	0,64	0,39	0,32	0,08	0,12	0,25	0,04	0,10	0,28	0,07	0,11	0,20

Tab. 12 F_δ *bei normal versinterten Mischungen* $TiO_2 + ZnO$

ZnO %	0,25			2,0			5,0			10,0		
T °C	50 Hz	10^3 Hz	10^5 Hz	50 Hz	10^3 Hz	10^5 Hz	50 Hz	10^3 Hz	10^5 Hz	50 Hz	10^3 Hz	10^5 Hz
50	2,40	3,75	0,15	0,04	0,08	0,003	0,40	0,13	0,005	1,48	0,33	0,010
100	2,50	7,06	0,22	0,68	0,18	0,004	1,03	0,29	0,011	2,06	0,44	0,017
150	3,00	6,49	0,31	2,00	0,59	0,014	2,00	0,43	0,024	1,60	0,54	0,019
200	4,08	5,10	0,64	3,33	1,63	0,050	3,33	2,04	0,093	2,50	1,43	0,071
250	2,67	2,70	0,69	2,70	1,30	0,085	2,37	1,20	0,077	2,04	1,00	0,077
300	1,13	2,04	1,14	0,96	1,36	0,171	0,96	1,16	0,143	1,73	0,88	0,143
350	0,59	1,37	0,95	0,89	1,31	0,211	0,89	1,04	0,158	0,76	0,76	0,158
400	0,87	1,23	1,13	1,23	1,09	0,283	1,25	1,07	0,208	0,92	0,67	0,250
450	1,07	0,99	1,18	2,05	0,76	0,294	2,86	0,89	0,206	1,45	0,55	0,235
500	0,97	1,43	1,66	2,39	1,43	0,434	4,06	1,45	0,257	1,75	0,97	0,286

Tab. 13 F_ε *bei heiß verpreßten Mischungen* $TiO_2 + ZnO$

ZnO %	0,25			2,0			10,0		
T °C	50 Hz	10^3 Hz	10^5 Hz	50 Hz	10^3 Hz	10^5 Hz	50 Hz	10^3 Hz	10^5 Hz
100	0,36	0,35	0,41	–	–	–	0,26	–	0,28
150	0,29	0,33	0,36	0,31	0,36	0,40	0,26	–	0,27
200	0,30	0,32	0,33	0,33	0,34	–	0,23	0,25	0,25
250	0,37	0,27	0,30	0,32	0,29	–	0,23	0,22	0,25
300	0,39	0,25	0,28	0,35	0,26	–	0,28	0,21	0,24
350	0,27	0,23	0,27	0,24	0,24	–	0,23	0,20	0,24
400	0,25	0,23	0,24	0,23	0,20	–	0,22	0,23	0,22
450	0,23	0,15	0,23	0,15	0,15	–	0,20	0,18	0,26
500	0,31	0,16	0,21	0,26	0,14	0,26	0,41	0,23	0,26

Tab. 14 F_δ *bei heiß verpreßten Mischungen* $TiO_2 + ZnO$

ZnO %	0,25			2,0			5,0			10,0		
T °C	50 Hz	10^3 Hz	10^5 Hz	50 Hz	10^3 Hz	10^5 Hz	50 Hz	10^3 Hz	10^5 Hz	50 Hz	10^3 Hz	10^5 Hz
50	0,12	0,05	0,012	0,008	0,025	0,010	0,80	0,20	0,015	0,08	0,02	0,008
100	0,46	0,06	0,011	0,441	0,079	0,013	0,89	0,56	0,028	0,53	0,11	0,014
150	2,56	0,24	0,019	1,74	0,243	0,019	1,67	0,81	0,053	1,22	0,24	0,025
200	3,29	0,82	0,024	1,78	0,61	0,029	2,26	1,12	0,107	2,54	0,61	0,043
250	2,37	1,70	0,146	2,22	1,10	0,058	1,93	1,30	0,192	2,41	1,20	0,092
300	1,31	1,71	0,114	1,19	1,23	0,114	1,19	1,28	0,298	1,80	1,34	0,190
350	1,24	1,46	0,187	1,30	1,22	0,180	0,89	1,02	0,329	1,33	1,97	0,354
400	1,59	1,22	0,290	2,00	1,58	0,273	1,42	1,07	0,405	2,00	1,50	0,733
450	1,48	1,90	0,541	2,01	1,50	0,368	1,42	1,06	0,409	1,54	1,45	0,753
500	1,43	2,11	0,952	1,71	2,57	0,762	1,43	1,73	0,715	1,19	1,99	1,269

Tab. 15 Auf TiO_2 *bezogene Gleichstromleitfähigkeit bei* 25 °C

Zusatz	Behandlung	Konzentration des Zusatzes, Mol.-%					
		0,25	0,50	1,0	2,0	5,0	10,0
ZrO_2	normal versintert	2,10	3,35	1,80	3,08	1,63	–
	heiß verpreßt	15,28	–	23,69	–	28,30	–
ZnO	normal versintert	5,66	–	–	5,53	3,27	3,12
	heiß verpreßt	0,78	–	–	1,50	–	0,67

6. Zusammenfassung

Proben aus reinem Rutil und aus Mischungen von Rutil mit den Oxiden Al_2O_3, CaO, MgO, ZnO und ZrO_2 wurden auf ihr Sinterverhalten untersucht und die dielektrischen Eigenschaften der so entstandenen Werkstoffe ermittelt. Die Oxide wurden in Konzentrationen von 0,25 bis 10,0 Mol.-% dem Rutil zugesetzt. Die Sinterungsversuche wurden mit Hilfe des Erhitzungsmikroskops durchgeführt. Das Sinterverhalten der Mischungen wurde nach der Höhe der Sinterungstemperatur, des Sinterungsgrades und nach der Sinterungsgeschwindigkeit beurteilt. Die Ergebnisse zeigen, daß das Sinterverhalten von Rutil durch einen Zusatz von Al_2O_3 unabhängig von den Konzentrationsverhältnissen verschlechtert wird (höhere Sinterungstemperatur, niedriger Sinterungsgrad, geringere Sinterungsgeschwindigkeit). CaO, MgO und ZrO_2 begünstigen die Sinterung von Rutil, wenn sie in geringen Konzentrationen anwesend sind. Das ZnO wirkt bei allen verwendeten Konzentrationsverhältnissen positiv. Die Zeitabhängigkeit des Sinterungsvorganges läßt vermuten, daß der Grundmechanismus des Materietransportes beim Sintern von polykristallinem und polydispersem Rutil auf einer Volumendiffusion beruht. Die unterschiedliche Wirksamkeit der Oxidzusätze wird darauf zurückgeführt, daß sie sich in geringen Konzentrationen als Flußmittel betätigen, während sie bei höheren Konzentrationen durch ihre Verbindungen oder festen Lösungen mit TiO_2 das Sinterverhalten beeinflussen.

Mit Hilfe der bei Diffusionsmessungen üblichen Technik wurde festgestellt, daß beim Stoffpaar TiO_2—ZrO_2 die Ti-Ionen schneller als die Zr-Ionen über die gemeinsamen Korngrenzen wandern.

Die Messung der dielektrischen Eigenschaften wurde an normal versinterten sowie an heiß verpreßten Mischungen von Rutil mit ZrO_2- bzw. ZnO-Zusatz durchgeführt. Die Kapazität und der Leitwert der Proben wurden unmittelbar in Abhängigkeit von der Konzentration der Zusätze, von der Temperatur und von der Frequenz gemessen. Daraus wurden die jeweiligen Werte für die DK und tg δ abgeleitet. Die Ergebnisse wurden auf analoge Werte des reinen Rutils bezogen. Bei normal versinterten Proben bewirkt ein geringer Zusatz von ZrO_2 eine Erhöhung der DK und des tg δ von Rutil im Bereich niedriger Frequenzen. Bei niedrigen Frequenzen ist ein schwaches durch die Temperatur bedingtes Maximum der Wirksamkeit zu vermerken. Bei höheren Frequenzen und größeren Konzentrationen ruft ein Zusatz von ZrO_2 eine Erniedrigung der beiden Eigenschaftswerte hervor. Im heiß verpreßten Zustand verursacht ein Zusatz von ZrO_2 in allen Fällen eine Erniedrigung der DK und des tg δ. Ein Zusatz von ZnO setzt die Werte der dielektrischen Eigenschaften von Rutil stark herab. Diese Wirkung ist bei heiß verpreßten Proben besonders stark ausgeprägt.

Das vorliegende Forschungsvorhaben wurde als eine Gemeinschaftsarbeit zwischen der Dozentur für Oxidkeramik und Cermets am Institut für Gesteinshüttenkunde und der Dozentur für Werkstoffe der Fernmeldetechnik (Prof. Dr.-Ing. A. Hersping) am Rogowski-Institut für Elektrotechnik an der RWTH Aachen konzipiert. Die elektrischen Messungen wurden an der zuletzt genannten Stelle durchgeführt. Herrn Kollegen A. Hersping danke ich für viele Diskussionsbeiträge und meiner früheren Mitarbeiterin, Chemie-Ingenieurin Fräulein B. Bartetzko, für die sorgfältige Durchführung der Versuche.

Aachen, den 2. 2. 1968

7. Literaturverzeichnis

[1] Frenkelj, Ja., Ž. eksp. teor. fiz. SSSR, **16**, 1946, 29.
[2] Kuczynski, G. C., Trans. AIME, **159**, 1949, 159.
[3] O'Bryan, H. M. Jr., und G. Parravano, in: W. Leszynski, »Powder Metallurgy« (1961), S. 191.
[4] O'Bryan, H. M. Jr., und G. Parravano, AD 282. 373. US Govt. Res. Repts., **37**, 1962, 106. – Ref. in: J. Am. Ceram. Soc., Abstr., 1964, 298f.
[5] Whitmore, D. H., und T. Kawai, J. Am. Ceram. Soc., **45**, 1962, 375.
[6] Grotyohann, A. G., und K. Herrington, J. Am. Ceram. Soc., **47**, 1964, 53.
[7] Coble, R. L., und J. E. Burke, in J. E. Burke, »Progress in Ceram. Science«, Vol. 3 (1963), S. 197.
[8] Lang, S. M., G. L. Fillmore und L. H. Maxwell, J. Res. Nat. Bur. Stand. **48**, 1952, 198.
[9] Winkler, E. R., J. F. Sarver und I. B. Cutler, J. Am. Ceram. Soc., **49**, 1966, 634.
[10] Weyl, W. A., und N. A. Terhune, Ceram. Age, 1953, August.
[11] Sowman, H. G., und A. I. Andrews, J. Am. Ceram. Soc., **34**, 1951, 298.
[12] Brown, F. H., und P. Duwez, J. Am. Ceram. Soc., **37**, 1954, 129.
[13] Palatzky, A., Technische Keramik, 1954.
[14] Bogorodickij, N. P., I. D. Fridberg und N. M. Cvetkov, Ž. tehn. fiz. SSSR, **26**, 1956, 1890.
[15] Dulin, F. H., und D. E. Rase, J. Am. Ceram. Soc., **43**, 1960, 125.
[16] Bartram, S. F., und R. A. Slepetys, J. Am. Ceram. Soc., **44**, 1961, 493.
[17] Schwiete, H. E., W. Krönert und W. Babinecz, Forschungsberichte d. Landes NRW, Nr. 1721 (1967).
[18] Březina, B., und H. T. Arend, Silikaty ČSR, **3**, 1959, 348.
[19] Bogorodickij, N. P., und I. D. Fridberg, Električestvo SSSR, Nr. 5, 1958, 72.
[20] Mehmel, M., Silikattechn. **12**, 1961, 318.
[21] Grant, F. A., Rev. modern physics, **31**, 1959, 646.
[22] Frederikse, H. P. R., J. appl. phys., **32**, 1961, 2211.
[23] Hippel, A. von, J. Kalnajs und W. B. Westphal, J. Phys. Chem. Solids, **23**, 1962, 779.
[24] Cronemeyer, D. C., Phys. Rev., **87**, 1952, 876.
[25] Hurlen, T., Acta Chem. Scandin., **13**, 1959, 365.
[26] Gardon, F., J. appl. Phys., **33**, 1962, 3358.
[27] Harwood, M. G., in: P. Popper »Special Ceramics« 1964, S. 221.
[28] Roberts, S., Phys. Rev., **76**, 1949, 1215.
[29] Hippel, A. von, R. G. Breckenridge, F. G. Chesley und L. Tisza, Ind. Engn. Chem., **38**, 1946, 1097.
[30] Hersping, A., Z. f. angew. Phys., **20**, 1966, 369.
[31] Srivastava, K. G., Phys. Rev., **119**, 1960, 516.
[32] Parker, R. A., und J. H. Wasilik, Phys. Rev., **120**, 1960, 1631.
[33] Hoolander, L. E., und P. L. Castro, J. appl. Phys., **33**, 1962, 3421.
[34] Skanavi, G. I., und A. I. Demešina, Ž. eksp. teor. fiz. SSSR, **19**, 1949, 3.
[35] Skanavi, G. I., Dielektrische Polarisation und Verluste in Gläsern und Keramiken, Moskau. Gosenergizdat 1952.
[36] Johnson, G. H., J. Am. Ceram. Soc., **36**, 1953, 97.
[37] Economos, G., in: W. D. Kingery, »Ceramic Fabrication Processes«, 1958, S. 201.
[38] Bunag, M. M., und J. H. Koenig, J. Am. Ceram. Soc., **42**, 1959, 442.
[39] Ishikura, O., und T. Sakata, Japan, J. Appl. Phys., **3**, 1964, 498.
[40] Greener, E. H., F. J. Barone und W. M. Hirthe, J. Am. Ceram. Soc., **48**, 1965, 623.
[41] Hutson, A. R., Phys. Rev., **108**, 1957, 222.
[42] Walker, R. J., J. Am. Ceram. Soc., **38**, 1955, 187.
[43] Belle, J., und B. Lustman, Westinghouse Atomic Power Rep. Nr. 184, 1957.

8. Abbildungen

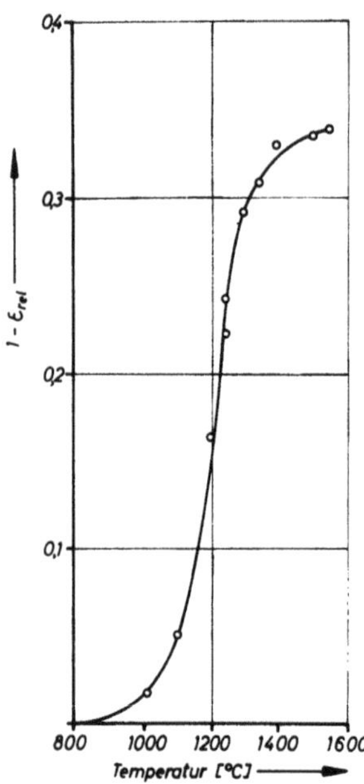

Abb. 1 Sinterungstemperatur von TiO_2 + 1 mol % Al_2O_3

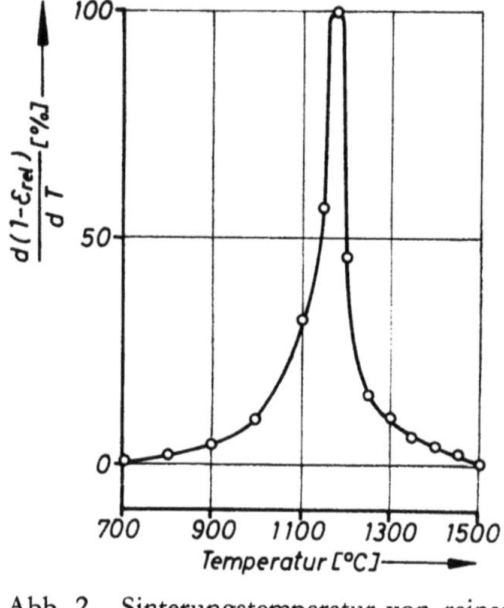

Abb. 2 Sinterungstemperatur von reinem TiO_2

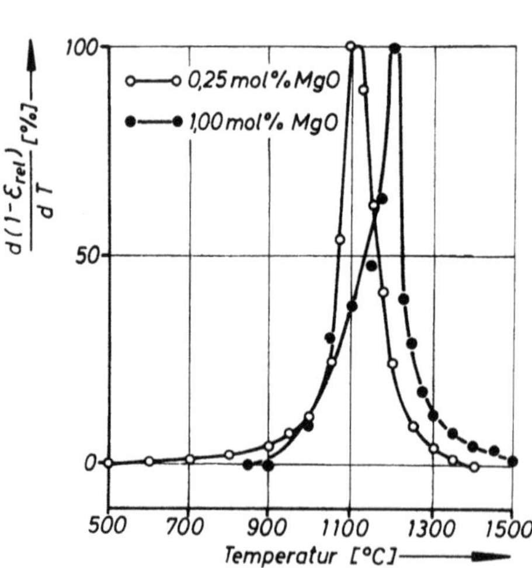

Abb. 3 Sinterungstemperatur von TiO_2 + MgO

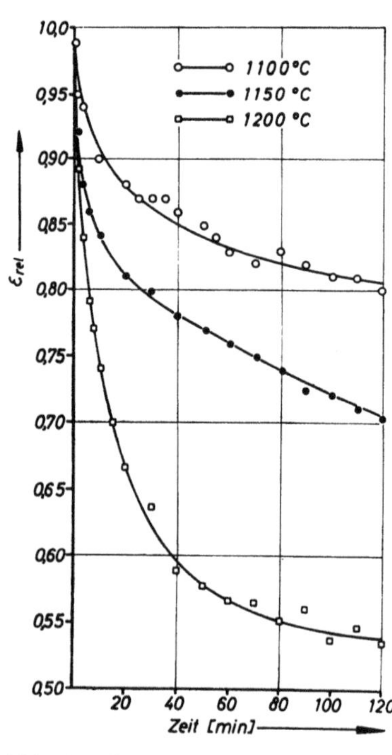

Abb. 4 Sinterung von reinem TiO_2

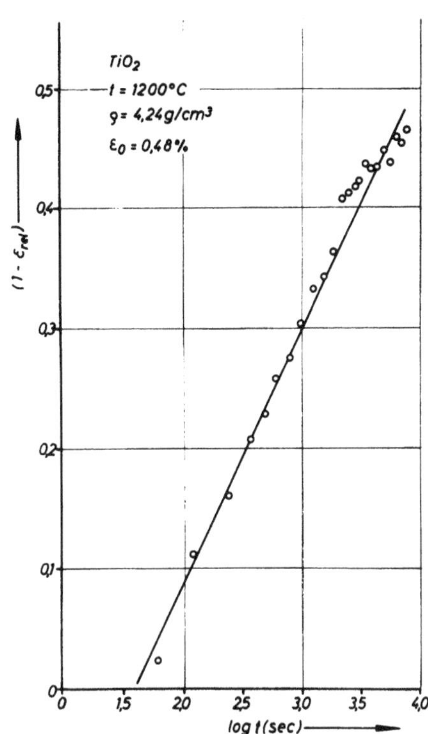

Abb. 5

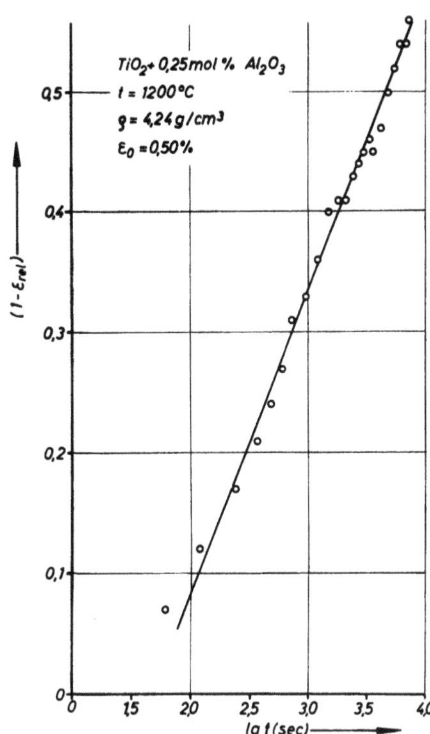

Abb. 6

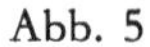

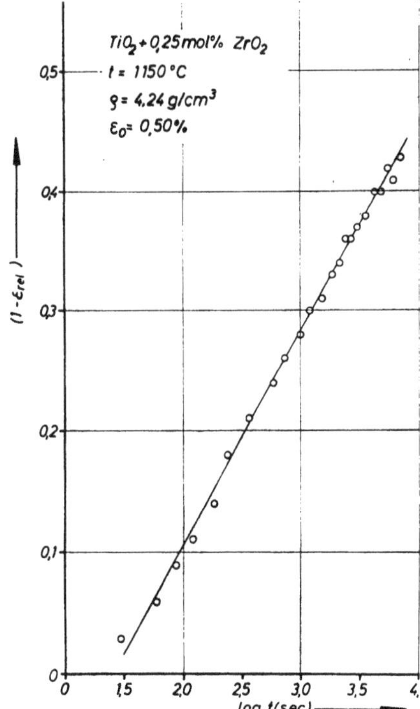

Abb. 7

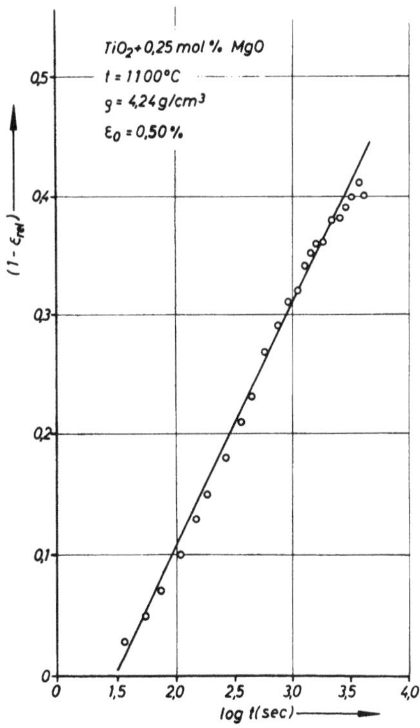

Abb. 8

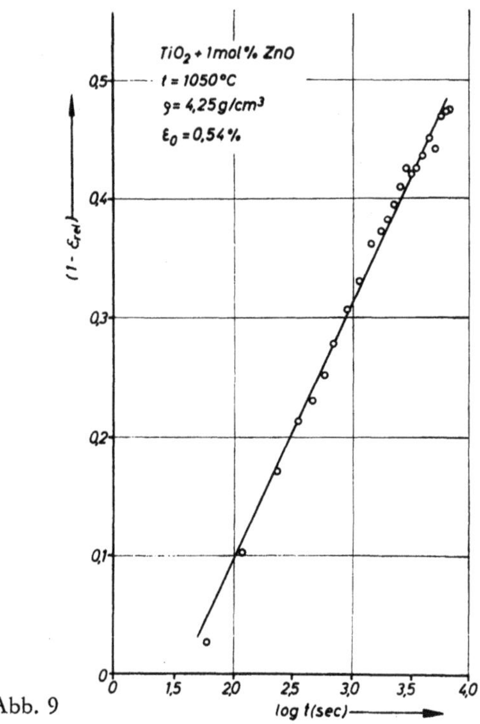

Abb. 9

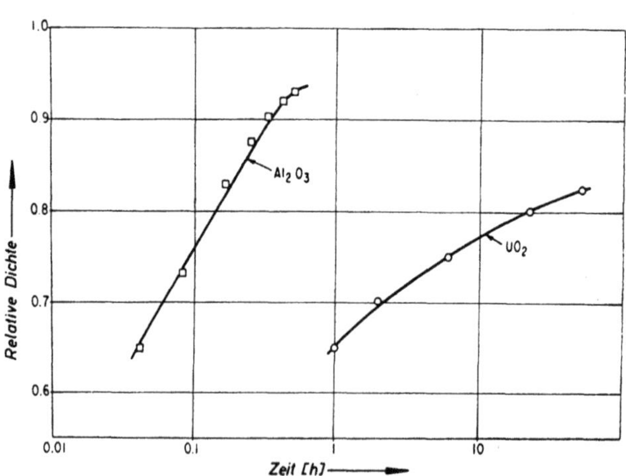

Abb. 10 Sinterung von Al_2O_3 (WALKER[42]) und von UO_2 (BELLE-LUSTMAN[43]) nach COBLE-BURKE[7]

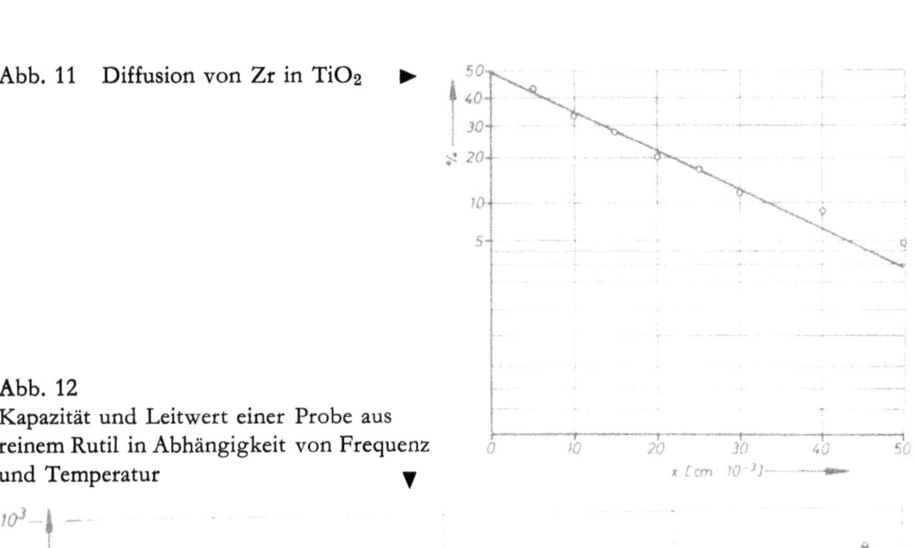

Abb. 11 Diffusion von Zr in TiO_2 ►

Abb. 12
Kapazität und Leitwert einer Probe aus reinem Rutil in Abhängigkeit von Frequenz und Temperatur ▼

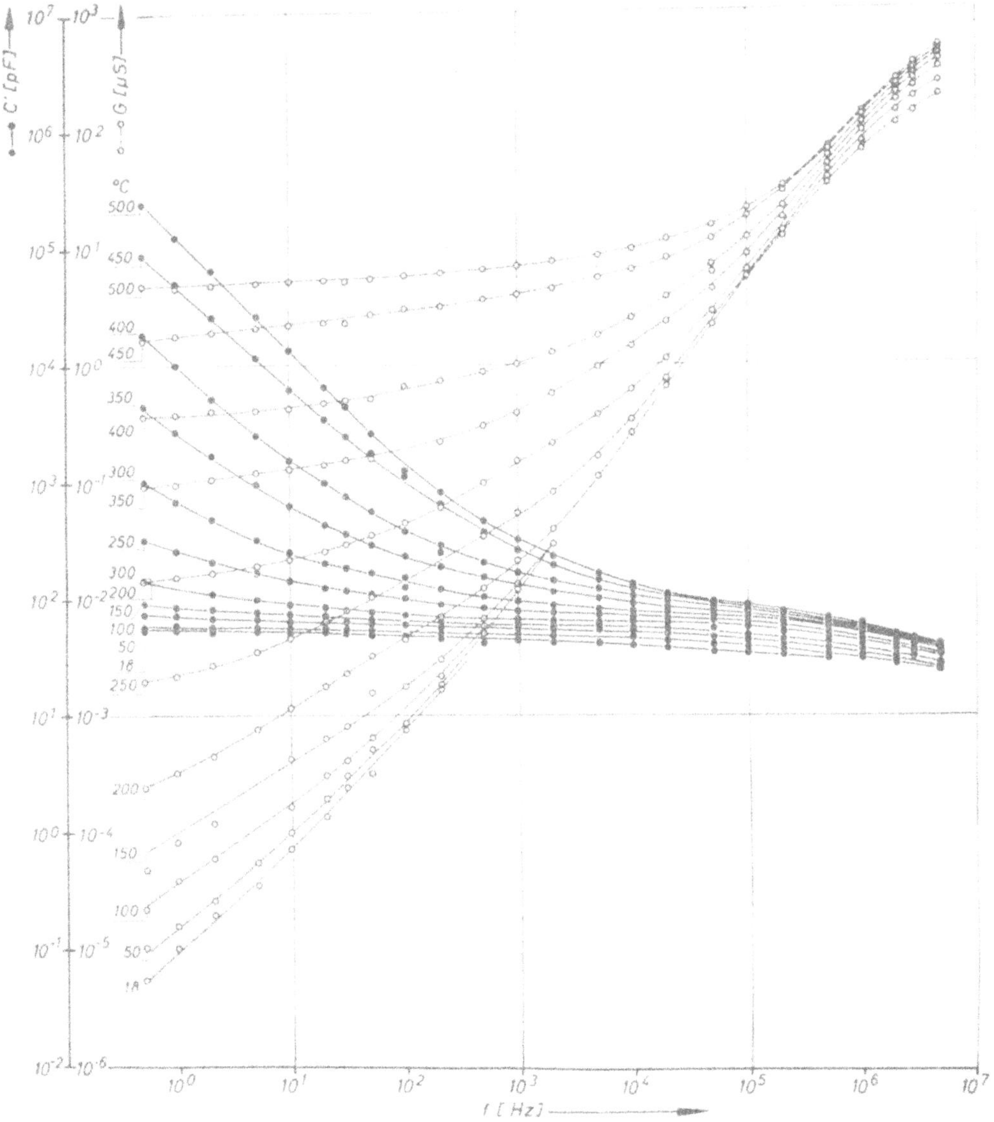

Forschungsberichte des Landes Nordrhein-Westfalen

Herausgegeben im Auftrage des Ministerpräsidenten Heinz Kühn
von Staatssekretär Professor Dr. h. c. Dr. E. h. Leo Brandt

Sachgruppenverzeichnis

Acetylen · Schweißtechnik
Acetylene · Welding gracitice
Acétylène · Technique du soudage
Acetileno · Técnica de la soldadura
Ацетилен и техника сварки

Arbeitswissenschaft
Labor science
Science du travail
Trabajo científico
Вопросы трудового процесса

Bau · Steine · Erden
Constructure · Construction material · Soil research
Construction · Matériaux de construction · Recherche souterraine
La construcción · Materiales de construcción
Reconocimiento del suelo
Строительство и строительные материалы

Bergbau
Mining
Exploitation des mines
Minería
Горное дело

Biologie
Biology
Biologie
Biologia
Биология

Chemie
Chemistry
Chimie
Quimica
Химия

Druck · Farbe · Papier · Photographie
Printing · Color · Paper · Photography
Imprimerie · Couleur · Papier · Photographie
Artes gráficas · Color · Papel · Fotografía
Типография · Краски · Бумага · Фотография

Eisenverarbeitende Industrie
Metal working industry
Industrie du fer
Industria del hierro
Металлообработывающая промышленность

Elektrotechnik · Optik
Electrotechnology · Optics
Electrotechnique · Optique
Electrotécnica · Optica
Электротехника и оптика

Energiewirtschaft
Power economy
Energie
Energía
Энергетическое хозяиство

Fahrzeugbau · Gasmotoren
Vehicle construction · Engines
Construction de véhicules · Moteurs
Construcción de vehículos · Motores
Производство транспортных · Средств

Fertigung
Fabrication
Fabrication
Fabricación
Производство

Funktechnik · Astronomie
Radio engineering · Astronomy
Radiotechnique Astronomie
Radiotécnica · Astronomía
Радиотехника и астрономия

Gaswirtschaft
Gas economy
Gaz
Gas
Газовое хозяйство

Holzbearbeitung
Wood working
Travail du bois
Trabajo de la madera
Деревообработка

Hüttenwesen · Werkstoffkunde
Metallurgy · Materials research
Métallurgie · Materiaux
Metalurgia · Materiales
Металлургия и материаловедение

Kunststoffe
Plastics
Plastiques
Plásticos
Пластмассы

Luftfahrt · Flugwissenschaft
Aeronautics · Aviation
Aéronautique · Aviation
Aeronáutica · Aviación
Авиация

Luftreinhaltung
Air-cleaning
Purification de l'air
Purificación del aire
Очищение воздуха

Maschinenbau
Machinery
Construction mécanique
Construcción de máquinas
Машиностроительство

Mathematik
Mathematics
Mathématiques
Mathemáticas
Математика

Medizin · Pharmakologie
Medicine · Pharmacology
Médecine · Pharmacologie
Medicina · Farmacología
Медицина и фармакология

NE-Metalle
Non-ferrous metal
Metal non ferreux
Metal no ferroso
Цветные металлы

Physik
Physics
Physique
Física
Физика

Rationalisierung
Rationalizing
Rationalisation
Racionalización
Рационализация

Schall · Ultraschall
Sound · Ultrasonics
Son · Ultra-son
Sonido · Ultrasónico
Звук и ультразвук

Schiffahrt
Navigation
Navigation
Navegación
Судоходство

Textilforschung
Textile research
Textiles
Textil
Вопросы текстильной промышленности

Turbinen
Turbines
Turbines
Turbinas
Турбины

Verkehr
Traffic
Trafic
Tráfico
Транспорт

Wirtschaftswissenschaften
Political economy
Economie politique
Ciencias económicas
Экономические науки

Einzelverzeichnis der Sachgruppen bitte anfordern

Westdeutscher Verlag · Köln und Opladen
567 Opladen/Rhld., Ophovener Straße 1–3, Postfach 1620

GPSR Compliance
The European Union's (EU) General Product Safety Regulation (GPSR) is a set of rules that requires consumer products to be safe and our obligations to ensure this.

If you have any concerns about our products, you can contact us on

ProductSafety@springernature.com

In case Publisher is established outside the EU, the EU authorized representative is:

Springer Nature Customer Service Center GmbH
Europaplatz 3
69115 Heidelberg, Germany

www.ingramcontent.com/pod-product-compliance
Ingram Content Group UK Ltd.
Pitfield, Milton Keynes, MK11 3LW, UK
UKHW061659190726
13853UKWH00008B/2305

* 9 7 8 3 6 6 3 0 6 4 8 5 5 *